怀孕了

每周怎么吃

生活新实用编辑部　编著

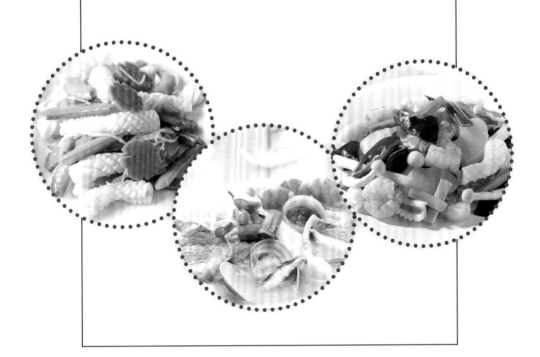

江苏凤凰科学技术出版社·南京

图书在版编日（CIP）数据

怀孕了每周怎么吃/生活新实用编辑部编著 . — 南京 : 江苏凤凰科学技术出版社, 2022.9
ISBN 978-7-5713-2568-8

Ⅰ.①怀… Ⅱ.①生… Ⅲ.①孕妇—妇幼保健—食谱 Ⅳ.① TS972.164

中国版本图书馆 CIP 数据核字 (2021) 第 250534 号

怀孕了每周怎么吃

编　　　著	生活新实用编辑部	
责 任 编 辑	汤景清	
责 任 校 对	仲　敏	
责 任 监 制	方　晨	
出 版 发 行	江苏凤凰科学技术出版社	
出版社地址	南京市湖南路 1 号 A 楼，邮编：210009	
出版社网址	http://www.pspress.cn	
印　　　刷	天津丰富彩艺印刷有限公司	
开　　　本	718 mm × 1 000 mm 1/16	
印　　　张	13.5	
插　　　页	1	
字　　　数	310 000	
版　　　次	2022 年 9 月第 1 版	
印　　　次	2022 年 9 月第 1 次印刷	
标 准 书 号	ISBN 978-7-5713-2568-8	
定　　　价	49.80 元	

图书如有印装质量问题，可随时向我社印务部调换。

会吃有好孕，宝宝更健康

怀孕是一个惊喜但艰辛的过程，意味着新生命的开始。生育一个健康、活泼、聪明的宝宝是每一位孕妈妈的心愿。从肚子里有了一个小生命开始，孕妈妈的心情就变得复杂起来：期待、忐忑、焦虑……各种心情交织。孕妈妈期待的是快要见到可爱的宝宝；忐忑的是不知道是否能孕育一个健康的宝宝；焦虑的是自己对孕期知识不够了解，不知道怎样排解心理压力、怎样缓解生理疾病、怎样合理安排孕期饮食。

人们常说"一人吃，两人补"，因此，很多人认为女性怀孕的时候一定要多吃，才能给宝宝提供足够的营养，这就使孕妈妈和胎儿的饮食问题成了家人关注的重要问题。但由于不懂科学的食补知识，一些孕妈妈及其家人担心营养不足会导致胎儿发育不良，于是让孕妈妈大补特补，结果出现了很多问题，如胎儿巨大导致难产、妊娠糖尿病、子痫前症等；一些孕妈妈及其家人由于不了解孕期各个阶段的营养重点，错过了为胎儿提供所需营养的最佳时期，从而影响了胎儿的发育；还有一些孕妈妈及其家人由于不了解补品的功效，误食一些孕妈妈忌用的保健品，最终导致不可挽回的后果。因此，正确饮食才是确保孕妈妈和胎儿健康的关键。

从怀孕到分娩的 40 周内，孕妈妈的饮食、情绪、心理状态和生理行动都会对胎儿产生影响，因此，掌握一定的科学孕育知识是非常有必要的。对女性来说，孕期的心理、生理等各方面都将面临前所未有的挑战。

在孕期的不同阶段，因孕妈妈的生理变化和胎儿发育的重点不同，对营养的需求也大不相同。《怀孕了每周怎么吃》紧抓读者阅读需求，不仅充分解答了孕妈妈在怀孕期间可能会产生的疑惑，帮助孕妈妈轻松改善孕期的各种不适，还介绍了孕期的饮食方法和保健常识。本书将孕期分为 0~14 周、15~28 周、29~40 周 3 个阶段，并给出了适合不同阶段孕妈妈的营养食谱和饮食建议。每一阶段都分为营养主食、元气料理、高纤蔬食、养生汤品、滋补药膳、点心甜品、养生饮品 7 个部分，介绍了丰富的孕期美食，并且搭配方便灵活，让孕妈妈吃得开心、吃得健康。

无论是在孕早期、孕中期，还是孕后期的孕妈妈，都能从这本书中为自己的困惑找到答案，也可以从本书中找到自己想吃、可吃的美食。这是一本不可多得的孕期工具书，希望每位孕妈妈在妊娠过程中都能吃对营养，轻松孕育优秀的下一代。

目 录

第一章　幸福孕期指南

第二章　怀孕40周 这样吃最健康

备注：1杯（固体）＝250克　　　1大匙（固体）＝15克
1小匙（固体）＝5克　　　1杯（液体）＝250毫升
1大匙（液体）＝15毫升　　　1小匙（液体）＝5毫升

第一章
幸福孕期指南

孕育健康的宝宝，

是每位母亲共同的心愿。

如何强化母体、舒缓不适？

怎么吃对营养，保障母婴健康？

跟着本章内容做好孕期保健，

轻松地孕育优秀的下一代吧。

打造健康，助你好孕

增强免疫力，谨慎用药，注意怀孕期间可能出现的疾病

在漫长的怀孕过程中，不少孕妈妈不免担忧自己的身心状况无法应付整个怀孕和生产过程，也担心腹中的胎儿不能健康成长。

增强免疫力，远离疾病

建议孕妈妈增强自身免疫力，避免患上流行性感冒、过敏性鼻炎等疾病，以尽量减少用药的机会。

若孕妈妈患病的症状不轻，还是应及时就医诊治，切勿因为害怕用药而不顾自身健康，这样可能导致出现其他严重的并发症。

药物咨询不可少

在使用药物前，孕妈妈应该详细地将怀孕的情况告诉主治医生。若不放心，可咨询妇产科医生，也可上网查询或查阅相关书籍，多了解相关药物资讯。

孕妈妈若在不知道怀孕的情况下服用了药物，可在产检的时候咨询医生，并把握以下3项原则。

❶ **用药时间**：告知医生怀孕的周数，提供准确的用药时间，以便医生评估对胎儿的影响程度。

❷ **用药剂量**：清楚地告知医生服用药物的剂量与次数。

❸ **用药种类**：不管是医院开立的药物还是自行购买的成药，都应携带服用过的药物（包括包装、说明书上所标示的学名和成分）供医生参考。

怀孕期间如何防治感冒？

预防方法：

❶ 多休息，避免过度劳累。

❷ 加强饮食中的营养摄取，多补充维生素C。

❸ 保持良好运动习惯，增强免疫力。

❹ 接受流感疫苗注射。

❺ 少去公共场所，多洗手，在人多的场合适时戴上口罩。

治疗方法：

普通感冒：多喝温开水，多休息，适量补充维生素C，注意保暖。

流行性感冒：就医治疗，可以适时服用抗病毒药物。

注意事项：

切勿自行服用退热药；注射流感疫苗前，需经医生诊断后再确认是否可以接种。

谨慎处理妊娠疾病

若不谨慎处理女性怀孕期间可能发生的疾病，可能会影响孕妈妈和胎儿的健康。因此，务必依照固定的产检时间复诊，必要时可提早就诊。

❶ 妊娠糖尿病

女性怀孕期间常会出现葡萄糖耐受性下降，从而引起血糖异常升高，即妊娠糖尿病，这是孕期常见的代谢性疾病。

妊娠糖尿病可能会造成胎儿过大、孕妈妈难产或肩难产、生产时婴儿锁骨骨折，还会导致新生儿患有低血糖、低血钙、黄疸等病症。此病容易使孕妈妈并发妊娠高血压或子痫前症，且孕妈妈和胎儿日后罹患糖尿病的概率也会增加。

❷ 子痫前症

子痫前症指孕妈妈在怀孕20周以后出现高血压，且伴随蛋白尿和全身性水肿的症状。产检时可通过测量血压和尿液检查得知。

子痫前症可能造成肝脏、肾脏、血液系统等方面的病变，有全身性的风险，甚至可能造成脑出血。若子痫前症的症状过于严重，为了避免孕妈妈和胎儿发生危险，需择期提早分娩。

❸ 羊水过多或过少

羊水过多可能导致早产或早期破水、产后大出血等；羊水过少可能导致胎儿畸形，或使胎儿容易吸入胎便。胎儿吸入胎便，严重时会影响其呼吸功能，甚至造成新生儿死亡。

❹ 胎儿生长迟缓

胎儿生长迟缓指胎儿生长速度太慢，或预估体重与怀孕周数相差2周以上，体重小于同月龄胎儿10%以下。

造成胎儿生长迟缓的原因可能是染色体或基因异常、先天畸形、多胞胎、前置胎盘、胎盘早期剥离、母体营养不良、胎儿长期慢性缺氧，还可能是孕妈妈有吸烟、喝酒等不良习惯。通常是多种原因综合造成的。

❺ 脐带绕颈

脐带常常会缠绕胎儿的颈部或身体，绝大部分不会影响胎儿，但极少数可能发生脐带扭转过紧甚至打结，从而造成胎儿缺氧甚至死亡。

❻ 过期妊娠

一般以42周为限，过期妊娠可能造成羊水过少、胎盘功能降低，导致胎儿窘迫、胎儿过大，还容易引起难产。

❼ 产前出血

孕20周之前的早期妊娠出血，可能是先兆性流产、宫颈糜烂、宫颈炎、宫颈息肉、宫颈癌所造成的；孕中晚期出血的原因则可能是早产、前置胎盘、胎盘早期剥离等。

定期产检追踪，掌握可能发生的病症和其处理方式，孕妈妈可以更从容地迎接新生命。

3

舒缓孕期九大常见不适

遵照医嘱，建议从改善饮食和生活习惯着手

牙龈出血

女性在怀孕期间，因血液循环加快，使得牙龈充血肿胀，从而降低了牙龈对发炎反应的抵抗力，刷牙时容易出现牙龈出血。

建议孕妈妈改换软毛牙刷，且刷牙的力度轻一点。如果牙龈出血伴随疼痛和局部红肿，可能是牙周病的前兆，会影响孕妈妈的进食和营养吸收，也不利于胎儿的生长，宜及早治疗。

蛀牙、牙周病

因怀孕时新陈代谢较旺盛，若孕妈妈的牙齿清洁不彻底，易发生细菌感染，导致蛀牙和牙周病，严重的牙周病还可能导致早产等并发症。

一般牙医不建议女性在怀孕期间治疗牙病。建议女性在计划怀孕时，先请牙医检查牙齿，确保口腔健康，避免以后可能发生的牙齿方面的不适。

失眠

怀孕初期的严重孕吐和怀孕后期的腹部增大，都会造成孕妈妈失眠和睡眠质量下

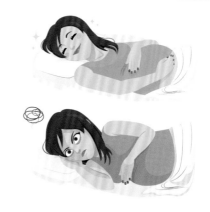

降，对于需要充分休息的孕妈妈影响极大。

调整睡姿： 怀孕期间，孕妈妈宜采取侧睡姿势，不仅有助于血液循环，有利于胎儿的供氧，而且可减轻腹部直接压迫腰部和胃肠等器官所带来的压力，让孕妈妈能较轻松地入睡。若孕妈妈觉得正躺比较舒服，也无妨。

控制饮食： 即使孕妈妈的食欲再好，也要适当地控制食量，因为睡前吃得太饱容易造成身体负担，睡眠质量会跟着下降。此外，孕妈妈也要减少食用咖啡、浓茶、油炸食物。

生一个孩子，掉一颗牙？

俗话说："生一个孩子，掉一颗牙。"传统观念认为，女性怀孕会让钙质流失，导致孕妈妈产生蛀牙或掉齿，其实这是错误的观念。孕妈妈牙齿的问题，主要还是口腔卫生不良引起的，而不是因为怀孕。

女性怀孕期间尤其需要注意牙齿的清洁和保健，以避免因牙齿的问题影响自己和胎儿的健康。

贫血

缺铁性贫血主要是由女性孕期的生理变化引起的。由于母体营养靠血液供输至脐带再提供给胎儿，倘若孕妈妈出现缺铁性贫血，将不利于胎儿的发育，需加强摄取富含铁质的动物肝脏或深绿色蔬菜，还需每日服用含铁剂的复合维生素。

孕妈妈若贫血严重，常有头晕、心跳加快或体力衰弱等情形，可补充铁剂或早日就医。

除补铁外，孕妈妈还需补充叶酸，可适当多吃动物肝脏、绿叶蔬菜及鱼、蛋、豆制品、坚果等。另外，在做菜时注意烹调温度不宜过高，时间也不宜过长，以防叶酸流失。

胸闷、心悸

孕妈妈在怀孕期间新陈代谢旺盛，心脏负荷增加，导致心跳加快；怀孕后期则因为子宫压迫到胸腔，导致呼吸困难。因此，孕妈妈常会出现胸闷、心悸等症状。

当这些症状发生时，孕妈妈宜充分休息，抬头深吸气，使呼吸平缓一些，平时亦可练习产前伸展操或孕期瑜伽，以改善呼吸状况。

流鼻血

女性怀孕时血液循环加速，导致鼻腔黏膜的微血管充血，因而比一般人更容易流鼻血。

遇到流鼻血的情况，建议孕妈妈将头稍稍往前倾，只要用手指压住流血的部位5~10分钟就能止血；冰敷也能让血管收缩，帮助止血。

在日常生活中，孕妈妈要避免待在空气较为干燥的房间或地方，尽量增加室内空气的湿度；还要少吃易上火的热性食物，如巧克力、榴梿、辣椒等。如果孕妈妈反复流鼻血，要多补充铁元素。如处理后仍不能止血，应及时就医。

腹痛、胃炎

女性在孕期应特别注意发生腹痛，腹痛如伴随发热、腹泻等现象，可能是食物中毒或细菌性肠炎引起的，不可自行服用成药，需尽快就医；腹痛如伴随子宫收缩或出血，则可能是流产或早产前兆，务必尽快到医院检查。

腰酸背痛

孕妈妈在孕期因为腹部增大，重心向前移，因而行走或站立时习惯往后倾，长期下来易导致腰酸背痛，使脊椎和骨盆关节肌肉疲劳。

当孕妈妈出现背痛的情形时，宜多休息，保持正确姿势；适度按摩背部或热敷，平时避免提举重物；床垫不宜太软，必要时不妨使用托腹带支撑腹部，以减轻背部负荷。

腿部抽筋

孕妈妈缺钙会引起小腿抽筋，加上孕期子宫的压迫，导致下半身血液循环不佳，增加了抽筋的概率。

孕妈妈小腿抽筋时，可将下肢伸直，按摩腿部抽筋处，有助于缓解症状。建议孕妈妈平时多补充钙质，并适度进行温和的运动，以促进血液循环。

怀孕期间控制理想的体重

体重增加和孕妈妈的BMI有关

孕期体重学问大

适当地控制体重，在怀孕期间非常重要。孕妈妈的体重增加太少，可能会导致胎儿缺乏营养，从而影响胎儿的发育或造成孕妈妈贫血、早产；孕妈妈的体重增加太多，可能使胎儿过大，或引发妊娠糖尿病，且产后也不易恢复身材。

女性孕期的体重控制应该从怀孕前就开始，以保持最佳健康状态。

理想的体重增加量

依照孕妈妈怀孕前的身体质量指数（Body Mass Index, BMI），有不同的适宜增加范围，因此，应以孕妈妈自身的健康和状况为准，不宜用同一标准检视。

体重增加的原因

通常来说，女性怀孕足月的体重平均增加11~16千克，是正常范围。孕妈妈体重的增加来自3个方面。

❶ 胎儿、胎盘和羊水的重量。

❷ 乳房和子宫增大的重量。

❸ 孕妈妈体内的分泌物和皮下脂肪增加的重量。

孕期体重增加和饮食的关系

孕期	体重	饮食重点
第一孕期 （0~14周）	增加1~2千克	● 只要饮食均衡，不需额外增加食量和热量 ● 每天可多摄取约2克蛋白质，以动物性蛋白质为佳，其次可摄取豆制品中的蛋白质 ● 孕妈妈应多补充绿叶蔬菜、全谷类，补充叶酸片
第二孕期 （15~28周）	约增加7千克，每周约增加0.5千克	● 每天的饮食中，孕妈妈应多摄取300千卡热量、6克蛋白质
第三孕期 （29~40周）	每周增加0.5千克	● 每天的饮食中，孕妈妈需要多摄取300千卡热量，多摄取30毫克铁质，预防分娩时因失血而造成的贫血，并储存可供应胎儿生长至4个月大之前所需的铁质

随着怀孕天数的增加，孕妈妈的体重每周都会有一定程度的增加，但如果孕妈妈的体重增加过快，或停止增加，就需要特别注意，可能发生以下情况。

❶水肿：约有60%的孕妈妈有水肿现象，主要是因为子宫增大影响了血液循环。倘若水肿过于明显，则需要注意孕妈妈是否有子痫前症。

❷羊水过多：羊水过多可能提示胎儿脑部或肠胃有问题，也会使孕妈妈的体重增加太多。

❸巨婴症：即胎儿生长过快，超过一般标准甚多，经常发生在患有肥胖症或糖尿病的孕妈妈身上；且此类孕妈妈在怀孕过程中容易引发并发症，对母体和胎儿的健康都会造成不良影响。

❹胎儿发育迟缓：孕妈妈的体重过轻可能会影响胎儿的发育，使胎儿发育迟缓。

怀孕时母体增加的体重分布

在怀孕期间，母体所增加的体重并非都是胎儿的重量，大部分还是孕妈妈本身。因此，了解体重的分布，也有利于控制体重。

孕妈妈生产后，包括胎儿、胎盘、羊水等的重量，产妇的体重会减少五六千克，剩下的就是产妇要努力减掉的体重。

如何评估理想的孕期体重？

建议孕妈妈依据本身的身体质量指数（BMI）制定不同的增加目标。BMI的计算公式如下：

BMI＝体重（千克）／身高（米）^{2}

❶怀孕前的BMI正常者（18.5～23.9），宜增加的体重范围是11.4～15.9千克。

❷怀孕前的BMI过低者（<18.5），宜增加的体重范围是12.7～18.2千克。

❸怀孕前的BMI过高者（25～29.9），宜增加的体重范围是6.8～11.4千克。

❹怀孕前属肥胖者（>30），宜增加的体重范围是5～9千克。

❺孕育双胞胎者，宜增加的体重范围是16～25千克。

如何利用BMI观察体重的变化？

由于每个人的体形和骨架不同，为了同时顾及身高和体重的因素，目前一般都用BMI来评估体重是否正常。原则上，瘦人或孕育多胞胎者的BMI可以高一点，胖人的BMI就要低一些。

孕妈妈适宜增加的体重范围

BMI	怀孕初期	怀孕中期	怀孕后期
正常者（18.5～23.9）	1～2千克	5千克	5～6千克
过轻者（<18.5）	2～3千克	6千克	6～7千克
过重者（>30）	1千克	3千克	3千克

健康孕妈妈的饮食建议

培养良好的饮食习惯，确保胎儿健康发育

为了自身和胎儿的健康，孕妈妈在饮食上不仅要营养均衡——摄取多样化的食物，而且必须养成良好的进食习惯，才能孕育出健康的宝宝。

孕期饮食九大原则

❶ **勿节食减肥**：怀孕时，母体需补充更多的营养以供胎儿成长。若孕妈妈节食，可能造成营养不良，甚至导致胎儿发育迟缓。

❷ **勿挑食、偏食**：孕妈妈营养不均衡可能会影响胎儿的发育，并增加孕妈妈产生并发症的风险。

❸ **勿暴饮暴食**：孕妈妈暴饮暴食易引起消化不良、胃肠炎等消化系统疾病，且饮食过量会使孕妈妈营养过剩、体重过重，增加罹患妊娠糖尿病和难产的风险。

❹ **避免高盐、高油脂**：孕妈妈摄取过多盐分易造成水肿，有高血压者更应避免，以免血压不易控制；摄取过高热量会导致孕妈妈体重过重或肥胖。

❺ **减少摄取精制和加工的食品**：摄入过度精制和加工的食品易造成某些营养素流失，孕妈妈过多食用还会导致胎儿营养不良。

❻ **食材务必煮熟**：不新鲜的海鲜中可能有病菌，生鱼片、生牛肉等食材若未煮熟，也可能存在细菌或寄生虫，孕妈妈最好避免食用。

❼ **勿食用不明药效的中药材**：孕妈妈应避免食用会造成子宫收缩、出血的中药材，如薏苡仁、红花、黄连等。有些中药材对孕妈妈有不良影响，因此，怀孕期间服用任何中药，应先请教专业中医师。

❽ **勿食用有特殊药效的食材**：韭菜、山楂、芦荟等有活血化瘀的功效，还会使子宫收缩；人参会影响血液凝固。因此，两者孕妈妈都应避免食用。

❾ **减少咖啡因的摄取**：孕妈妈摄取过量咖啡因易造成流产或影响胎儿发育，每天摄取咖啡因不要超过300毫克。

五大方法避免"吃"出过敏儿

过敏体质与遗传关系密切，若父母中有一人是过敏体质，则小孩有1/3的概率是过敏儿；若父母均为过敏体质，小孩是过敏体质的概率即高达2/3。在怀孕期间，

孕妈妈要尽量避开过敏原，以确保胎儿的健康。

❶找出食物过敏原：明确地知道食物过敏原，避免误食，以阻断过敏症状的发生。

❷远离高危险群食材：高危险群食材容易诱发孕妈妈的过敏症状，应尽量避免食用，但也应注意不能因此偏食，导致营养不均衡。

❸均衡摄取蔬果：维生素C和其他抗氧化营养素摄取不足，易影响孕妈妈体内的免疫调节功能。

❹饮食清淡、少刺激：仔细清洗食材，避免残留的农药诱发孕妈妈过敏；孕妈妈要少吃甜食，以免生痰，诱发气喘；太咸的食物也会增加支气管的负担，诱发孕妈妈的过敏反应。

❺避免食用食品添加剂：食品添加剂容易诱发皮肤过敏，孕妈妈应尽量避免食用加工食品和油炸类、辛辣类食物。

孕期饮食六不宜

虽然孕期饮食要求多样化，但各类食物中仍有不适合孕妈妈吃的食材，平时应避免。

下表归纳出孕妈妈应尽量避免摄取的食物明细。

孕妈妈应避免摄取的食物

食物类别	避免摄取的食物
蛋、奶、鱼、肉类	● 腌制物、烟熏制品：如香肠、火腿、肉干、肉松、咸鱼、皮蛋 ● 罐装食物：如鳗鱼罐头、金枪鱼罐头、肉酱罐头、肉臊罐头 ● 速食：如炸鸡、汉堡
豆类及其制品	● 腌制、罐装、卤制食物：如豆干、豆腐乳
淀粉类	● 速食面、泡面、油面
蔬菜、水果类	● 腌制蔬菜、冷冻蔬菜、加工蔬菜罐头：如泡菜、榨菜、酸菜 ● 脱水水果
调味料	● 味精、辣油、豆瓣酱、芥末酱
零食类	● 蜜饯、薯片、爆米花、运动饮料、碳酸饮料

美丽孕妈妈的肌肤保养指南

把握天然、无香料原则，孕妈妈美丽，胎儿健康

孕期正确选用保养品

化妆品、保养品直接与皮肤接触，容易经由皮肤进入人体的循环系统，孕妈妈使用后还容易经脐带传送至胎儿。因此，孕妈妈切勿贪图一时的美丽，而造成宝宝终生的遗憾。

选用天然、无特殊香味的产品

孕期使用的化妆品必须特别关注产品中的毒性成分，以免对母体和胎儿生长造成影响。

大部分化妆品对孕妈妈来说是安全的，但有些化妆品中含有防腐剂成分——对羟基苯甲酸酯类（Paraben），可能会引起DNA细胞突变，进而导致胎儿畸形。

孕妈妈使用化妆品的大原则是避免使用味道很重的产品。另外，有些美白的化妆品和治疗青春痘的药物含有A酸成分，女性在孕期绝对不可使用，以免造成胎儿畸形。

含色素的化妆品大部分含有煤焦油成分，孕妈妈长期使用这样的化妆品有导致胎儿畸形的风险。部分劣质的化妆品中掺有铅、汞和铬等重金属成分，渗入皮肤后会在血管内沉积，孕妈妈使用这样的化妆品会间接影响胎儿的细胞增殖，造成胎儿的先天性缺陷。

身上出现妊娠纹怎么办

妊娠纹是不少孕妈妈，甚至是产后女性挥之不去的梦魇，到底有什么方法能预防这些恼人的"不速之客"呢？

擦乳液或除纹霜

随着怀孕时肚子被撑大，皮肤组织被迫急速地配合延展，当皮肤下的结缔组织断裂时，就会形成所谓的妊娠纹。

孕妈妈可在腹部、大腿、乳房、背部等容易产生妊娠纹的地方按摩，并多擦些性质温和、能缓解肌肉紧张的乳液或除纹霜。

控制体重

若孕妈妈的体重快速增加，肚皮撑得越大，就越容易长妊娠纹。

凡士林可有效预防妊娠纹吗？

油性保养品一般不会添加防腐剂、安定剂。油性的凡士林具有高保湿性，非常滋润。适度涂抹凡士林并按摩肚皮，有一定的预防妊娠纹的效果。

第二章
怀孕40周 这样吃最健康

孕期健康饮食，决定宝宝体质，

孕期三阶段如何吃得好又巧?

精选340多道养生健康菜肴，

关键40周吃对好食物，

孕妈妈、胎儿都健康。

第一孕期（0~14周）

早餐吃得好，中餐吃得饱，晚餐吃得少

食补重点

早餐：以肉类和内脏类等富含蛋白质的食物为主。

中餐：多吃低脂、高蛋白食物，如海鲜类，并搭配蔬菜、水果。

晚餐：以清淡食物为主，避免进食大鱼大肉。

营养需求

怀孕初期需要补充适量的营养素，尤其要多摄取富含动物性蛋白质、锌、铁、叶酸的食物。

西蓝花
清热解毒，凉血平肝，降低血压，生津止渴，健胃消食

黄豆
调节胆固醇，预防动脉硬化，强健骨骼

西红柿
预防感冒，促进血液循环，增强免疫力，保持活力，调节血压

🍎 第一孕期要吃些什么

❶富含动物性蛋白质的食物：猪肉、牛肉、鸡肉、鱼肉、羊肉等。

❷富含锌的食物：牛奶、豆类、小麦胚芽、牡蛎、虾、紫菜、红豆、南瓜子等。

❸富含铁的食物：瘦肉（红肉）、猪肝、猪血、贝类、黄豆、红豆、紫菜、海带、木耳、芝麻、坚果类、绿叶蔬菜等。

❹富含叶酸的食物：动物内脏、啤酒酵母、豆类（扁豆、豌豆等）、绿色蔬菜（芦笋、菠菜、西蓝花等）、柑橘类水果（柳橙、橘子、柠檬、葡萄柚等）等。

⚙ 为什么要这样吃？

❶动物性蛋白质可以提供胎儿的生长、脑细胞发育，以及母体的子宫、乳房发育所需的营养，同时也容易被人体消化吸收。

❷锌对于确保胎儿出生后的正常发育非常重要。锌的摄取量不足，可能会影响胎儿出生时的体重。

❸怀孕期间会消耗不少母体体内的铁质，一旦缺铁，可能导致母体贫血，严重时很有可能造成胎儿早产，或导致胎儿体重较轻。

❹怀孕期间缺乏叶酸，母体可能出现贫

血、倦怠、晕眩等症状，严重时甚至导致流产、早产，或胎儿神经管缺损等情形。

中医调理原则

❶孕妈妈的饮食宜清淡且熟烂，这一阶段的孕妈妈适合清热、滋补，而不适合温补，否则容易导致胎动不安、胎热，严重时甚至导致流产。

❷怀孕初期，孕妈妈适合吃酸味的食物，如酸梅、酸味的羹汤等，不宜吃辛辣、燥热的食物，以防止口干舌燥、排便不畅。

❸孕妈妈不宜盲目进补或自行补充营养剂。有些营养品、补品不宜在怀孕期间食用，倘若孕妈妈未经咨询自行服用，反而可能会对母体造成不好的影响，如人参、桂圆等。孕妈妈服用营养补充剂，也需要在医生或营养师的指导下进行。

孕期特征

❶怀孕的前3个月是胎儿发育的重要阶段，此时胎儿的五官、心脏及神经系统已开始形成。

❷怀孕初期的症状，主要包括月经停止、尿频、容易疲倦、乳房有瘙痒感、乳晕颜色变深，以及经常有恶心、呕吐的感觉。

食疗目的

❶帮助胎儿健康成长、发育。

❷避免怀孕初期因为缺乏锌而感到倦怠，或有早产的情况。

❸预防孕妈妈发生贫血，同时促进胎儿神经系统的发育。

营养师小叮咛

❶此阶段胚胎还小，孕妈妈的体重只增加1~2千克，此时所需要的热量、营养素并不多，维持正常的饮食即可供应第一孕期所需的营养。

❷这个阶段的孕妈妈容易出现孕吐、反胃，起床后可先吃一些杂粮馒头或苏打饼干，然后再刷牙，以避免孕吐。

❸孕妈妈应少食多餐，并在两餐中间补充点心，这样可以使血糖维持稳定，并保证摄取足够的营养。

❹孕妈妈应尽量避免饮用含咖啡因的饮料、浓茶或含糖饮料；冰品、凉食也容易引起孕妈妈不适；孕妈妈务必远离烟、酒。

❺孕妈妈应多补充水分，避免食用不新鲜的海鲜或未经煮熟的肉类。

营养需求表

孕妈妈每日营养素建议摄取量（《中国居民膳食营养素参考摄入量》）

营养素	每日建议摄取量
蛋白质	［体重（kg）×（1~1.2）］g+10mg
锌	12mg+3mg
铁	15mg
叶酸	0.4mg+0.2mg

第一孕期（0~14周）营养师一周饮食建议

时间	早餐	午餐	点心	晚餐
Day 1	蛤蜊麦饭 p.16 南瓜蘑菇浓汤 p.56	米饭3/4碗 柠檬鳕鱼 p.24 香菇炒芦笋 p.43	葡萄干腰果蒸糕 p.68	南瓜米粉 p.19 银鱼紫菜羹 p.51
Day 2	枸杞子燕麦馒头 p.21 美颜葡萄汁 p.71	黄金三文鱼炒饭 p.17 竹荪鸡汤 p.57	红豆杏仁露 p.63	米饭3/4碗 丝瓜炒蛤蜊 p.30 蒜香龙须菜 p.41
Day 3	鲜味鸡汤面线 p.18	排骨糙米饭 p.15 枸杞子炒圆白菜 p.37	安神八宝粥 p.63	米饭3/4碗 黄瓜炒肉片 p.33 凉拌菠菜 p.39
Day 4	土豆煎饼 p.22 芝麻香蕉牛奶 p.70	米饭3/4碗 彩椒鸡柳 p.35 碧玉白菜卷 p.36	蜜桃奶酪布丁 p.66	海带糙米饭 p.15 紫菜玉米排骨汤 p.54
Day 5	香甜金薯粥 p.17 虾仁炒蛋 p.26	三文鱼蒜香意大利面 p.20 胡萝卜炖肉汤 p.55	藕节红枣煎 p.65	米饭3/4碗 牡蛎豆腐羹 p.31 黑木耳炒芦笋 p.44
Day 6	南瓜荞麦馒头 p.21 核桃糙米浆 p.71	米饭3/4碗 丝瓜炒虾仁 p.34 黑木耳炒芦笋 p.44	甘麦枣藕汤 p.60	高纤苹果饭 p.16 芝麻虾味浓汤 p.51
Day 7	什锦海鲜汤面 p.19	米饭3/4碗 蘑菇烧牛肉 p.32 河虾拌菠菜 p.38	松子红薯煎饼 p.67	米饭3/4碗 豌豆炒鸡丁 p.35 凉拌梅香南瓜片 p.45

增进食欲 + 增强免疫力

排骨糙米饭

3
人份

材料：
猪排骨 200 克，糙米 240
克，葱 1 根，枸杞子适量

- 热量 1471.4 千卡
- 糖类 196.1 克
- 蛋白质 57.1 克
- 脂肪 44.9 克
- 膳食纤维 9.3 克

调味料：
盐、酱油、香油、胡椒粉各适量

做法：

❶ 将糙米洗净，用水浸泡 4 小时；葱洗净切段。

❷ 将猪排骨洗净，切块，汆烫后用水冲净。

❸ 将猪排骨块、葱段与糙米、枸杞子放入电
饭锅中，并加入调味料。锅内放 3 杯水，
按下开关，煮至开关跳起即可。

功效解读

糙米含有维生素 B$_1$、维生素 E 和铁，
可补充孕妈妈所需的营养，促进血液循环，
并可增强免疫力；猪排骨能提供人体所需能
量，并能增进孕妈妈的食欲。

强健骨骼 + 预防便秘

海带糙米饭

2
人份

材料：
糙米饭 2 碗，海带（泡发）
50 克，新鲜青芒果 60 克

- 热量 639.3 千卡
- 糖类 133.8 克
- 蛋白质 14.0 克
- 脂肪 5.3 克
- 膳食纤维 7.6 克

调味料：
盐 1/6 小匙，白糖 1/2 小匙

做法：

❶ 将海带切丝；青芒果去皮，切片备用。

❷ 将海带丝、青芒果片与调味料拌匀，腌 10
分钟。

❸ 糙米饭盛碗，放上做法 ❷ 的材料即可。

功效解读

糙米含有 B 族维生素、维生素 E、维生
素 K 和膳食纤维。其中，维生素 E 抗氧化
力强；维生素 K 可强健骨骼；膳食纤维能增
加胃肠蠕动，预防便秘。

润肠通便 + 缓解疲劳

高纤苹果饭

材料：
苹果150克，葡萄干30克，
大米60克

● 热量 378.9千卡
● 糖类 89.7克
● 蛋白质 6.0克
● 脂肪 1.0克
● 膳食纤维 4.5克

调味料：
盐1/4小匙

做法：

❶ 将苹果洗净，去核，切小丁。

❷ 将大米、葡萄干、苹果丁拌匀后加适量水，放入电饭锅内蒸熟即可。

功效解读

　　苹果富含膳食纤维、有机酸，具有润肠通便、帮助消化的作用，其所含的钾能预防及缓解疲劳。

补充营养 + 有益胎儿健康

蛤蜊麦饭

材料：
小麦50克，米饭60克，蛤蜊100克，葱花20克，姜末5克

● 热量 479.4千卡
● 糖类 25.2克
● 蛋白质 20.7克
● 脂肪 1.2克
● 膳食纤维 4.2克

调味料：
酱油、料酒各1/4小匙，胡椒粉适量，橄榄油1小匙

做法：

❶ 将小麦洗净，泡水20分钟；蛤蜊洗净备用。

❷ 热油锅，爆香姜末，加米饭和小麦翻炒。

❸ 续入蛤蜊及适量水略炒，加酱油、胡椒粉和料酒拌匀，焖煮至熟。

❹ 加入葱花即可。

功效解读

　　蛤蜊高蛋白，含锌量高，有助于胎儿的发育；蛤蜊搭配高纤、高蛋白的小麦，可补充营养，相当适合孕妈妈食用。

促进胎儿大脑发育 + 增强抵抗力

黄金三文鱼炒饭

材料：
米饭300克，三文鱼90克，
鸡蛋1个，葱1根

调味料：
盐、胡椒粉、料酒各适量，橄榄油1大匙

● 热量 815.3千卡
● 糖类 123.2克
● 蛋白质 33.8克
● 脂肪 20.8克
● 膳食纤维 1.8克

做法：

❶ 三文鱼洗净，切成小丁；鸡蛋打成蛋液；
葱洗净，切成末，备用。

❷ 热油锅，先爆香三文鱼丁及葱末，加入适
量料酒及蛋液炒散，续入米饭，添加适量
盐、胡椒粉调味，翻炒均匀即可。

功效解读

三文鱼含有大量维生素 A，可增强抵抗
力，预防感冒；三文鱼中丰富的 DHA 及
ω－3 脂肪酸成分是胎儿大脑发育不可或缺
的营养素。

促进排便 + 提升代谢率

香甜金薯粥

材料：
红薯块100克，大米50克

调味料：
盐1/2小匙

● 热量 300.5千卡
● 糖类 67.45克
● 蛋白质 4.5克
● 脂肪 0.6克
● 膳食纤维 2.5克

做法：

❶ 大米洗净，泡水3小时，备用。

❷ 汤锅加入适量水煮开，放入大米、红薯
块及盐，以小火慢煮，边搅拌边煮至熟
即可。

功效解读

红薯含有可帮助消化的膳食纤维，属于
碱性食物，是促进排便、提升代谢率的较佳
食材，有助于孕妈妈排毒、保持血管弹性。

鲜味鸡汤面线

材料:
鸡腿1只,面线300克,上海青4棵,老姜8片,葱段5克

● 热量 1371.9千卡
● 糖类 212.5克
● 蛋白质 82.2克
● 脂肪 21.5克
● 膳食纤维 9.9克

调味料:
盐适量

做法:

❶ 将鸡腿洗净,切块,氽烫后用水冲净。

❷ 将鸡腿块、老姜片、葱段放入锅中,加800毫升水;鸡腿熟后盛出,加盐调味。

❸ 将面条用开水煮熟放凉,上海青洗净,烫熟,一起加入做法❷中即可。

功效解读

　　老姜具有止吐、刺激胃液分泌、增进食欲、促进消化、消除胀气的作用;鸡汤则可增强孕妈妈体力,补充胎儿所需的营养。

酸菜鸭肉面线

材料:
鸭肉300克,酸菜100克,姜丝15克,面线400克,高汤500毫升

● 热量 1671.2千卡
● 糖类 285.9克
● 蛋白质 107.1克
● 脂肪 11.0克
● 膳食纤维 11.2克

调味料:
盐1/4小匙,香油1/2小匙

做法:

❶ 将鸭肉、酸菜洗净,分别切片和切丝;面条用滚水煮熟,放凉备用。

❷ 汤锅中放入高汤、鸭肉片、酸菜丝、姜丝烹煮。

❸ 煮沸后,加入面线略煮,放入香油、盐调味即可。

功效解读

　　酸菜味道咸酸,可增进孕妈妈食欲,并帮助消化;鸭肉是含铁量丰富的肉品之一,适当补充,可预防妊娠贫血。

增强体力＋促进新陈代谢

什锦海鲜汤面

材料：

猪里脊肉、墨鱼各30克，草虾50克，葱段10克，蛤蜊（已吐沙）4个，拉面120克，高汤350毫升

- 热量 436.2千卡
- 糖类 77.5克
- 蛋白质 26.8克
- 脂肪 2.1克
- 膳食纤维 1.2克

调味料：

盐1大匙

做法：

❶ 将墨鱼洗净，切小段；猪里脊肉洗净，切小片备用。

❷ 将墨鱼段、猪里脊肉片汆烫捞起备用；将拉面煮熟备用。

❸ 高汤煮开，放入所有材料（葱段除外），加盐调味，煮至蛤蜊壳开，加葱段即可。

功效解读

虾含有蛋白质、维生素，钙、磷的含量尤其丰富，是壮骨佳品，可增强体力、促进新陈代谢。此面食能帮助孕妈妈获得充分的营养。

补充营养＋补血养身

南瓜米粉

材料：

猪肉丝100克，蛤蜊（已吐沙）200克，葱3根，南瓜、米粉各300克

- 热量 1473.4千卡
- 糖类 312.5克
- 蛋白质 41.0克
- 脂肪 6.6克
- 膳食纤维 5.1克

调味料：

酱油1大匙，白糖1小匙，胡椒粉1/2小匙，香油、橄榄油各适量

做法：

❶ 将蛤蜊煮开，取出蛤蜊肉，高汤留下备用；葱洗净，切葱白末和葱绿段；米粉汆烫沥干。

❷ 南瓜去皮，去瓤，切片，蒸熟后压成泥。

❸ 热锅，加适量橄榄油，爆香葱白末，加入猪肉丝、酱油、南瓜泥、蛤蜊汤翻炒；续入米粉，加白糖调味煮开，转小火略微焖煮；加蛤蜊肉、葱绿段、胡椒粉略炒，起锅前淋入香油，翻炒均匀即可。

功效解读

南瓜营养丰富，含有多种维生素和矿物质，是很好的补血食材，适合孕妈妈食用。

彩椒螺丝面

1 人份

材料：
螺丝面150克，红辣椒片50克，黄辣椒片、青辣椒片各30克，蒜片、橄榄各适量，高汤200毫升

● 热量 969.9千卡
● 糖类 119.7克
● 蛋白质 27.3克
● 脂肪 42.5克
● 膳食纤维 6.4克

调味料：
盐适量，奶酪粉20克，橄榄油2大匙

做法：
1 将螺丝面放入沸水中，煮8～10分钟捞起备用。
2 热油锅，炒香蒜片，加入红辣椒片、黄辣椒片、青辣椒片翻炒约1分钟。
3 放入盐和高汤略煮，放入煮好的螺丝面拌匀，起锅时撒上奶酪粉即可。

功效解读
红辣椒、黄辣椒含有丰富的维生素 A、维生素 C 和 β - 胡萝卜素，可防止细胞组织氧化，且对改善怀孕期间牙龈出血的症状颇有助益。

三文鱼蒜香意大利面

材料：
意大利面80克，三文鱼100克，秋葵10克，蒜末5克，水300毫升

1 人份

● 热量 661.3千卡
● 糖类 62.6克
● 蛋白质 29.9克
● 脂肪 32.4克
● 膳食纤维 2.8克

调味料：
盐1/4小匙，橄榄油1大匙

做法：
1 将三文鱼洗净，切丁；秋葵洗净，切片，余烫后放凉备用。
2 将意大利面加1小匙盐，用开水煮熟捞起，备用。
3 热油锅，放入蒜末爆香，续入三文鱼丁和盐翻炒，最后加入煮好的意大利面、秋葵片翻炒均匀即可。

功效解读
多吃三文鱼可摄取优质蛋白质和 EPA、DHA 等多元不饱和脂肪酸，对于补充孕妈妈营养、促进胎儿脑部发育，均有不错的效果。

補血養身＋補充能量

枸杞子燕麦馒头

材料:

枸杞子汁80毫升，燕麦1小匙，低筋面粉150克

- 热量 651.9千卡
- 糖类 144.5克
- 蛋白质 13.2克
- 脂肪 2.3克
- 膳食纤维 2.7克

调味料:

白糖1大匙，酵母、泡打粉各1小匙

做法:

❶ 将燕麦洗净，泡水一晚，沥干备用。

❷ 将燕麦、低筋面粉与调味料混合，加入枸杞子汁，揉成光滑的面团。

❸ 冬天约发酵10分钟；夏天气温较高，搓揉时已开始发酵，动作宜快，只需发酵5分钟。

❹ 将面团搓成长条，切段，揉成馒头状，放在铺有蒸笼纸的蒸盘上。

❺ 发酵20分钟，以大火蒸10分钟即可。

功效解读

枸杞子富含铁质，可为怀孕初期的孕妈妈提供足够维持造血功能的铁元素；面粉富含蛋白质和淀粉，能够补充能量。

补充能量＋润肠通便

南瓜荞麦馒头

材料:

熟荞麦30克，葡萄干10克，熟南瓜泥20克，中筋面粉100克

- 热量 582.3千卡
- 糖类 119.2克
- 蛋白质 16.0克
- 脂肪 4.6克
- 膳食纤维 11.96克

调味料:

白糖1大匙，酵母、泡打粉各1小匙

做法:

❶ 将所有材料和调味料混合，加50毫升水，揉成光滑的面团。

❷ 冬天约发酵10分钟；夏天气温较高，搓揉时已开始发酵，动作宜快，只需发酵5分钟。

❸ 将面团搓成长条，切段，揉成自己想要的形状，放在铺有蒸笼纸的蒸盘上。

❹ 发酵20分钟，以大火蒸10分钟即可。

功效解读

荞麦含有丰富的膳食纤维，具有润肠通便的作用，能预防便秘；南瓜和面粉中的碳水化合物可提供充足能量。

土豆煎饼

材料：

土豆150克，洋葱80克，胡萝卜20克，鸡蛋1个，猪肉末250克，姜末5克

- ● 热量 725.2千卡
- ● 糖类 42.5克
- ● 蛋白质 63.8克
- ● 脂肪 33.3克
- ● 膳食纤维 4.1克

调味料：

胡椒粉适量，香油、蚝油各1小匙，盐1/4小匙，橄榄油4大匙

做法：

❶ 将土豆洗净，去皮，蒸熟后压成泥；鸡蛋打散成蛋液；洋葱切末；胡萝卜洗净，切丁备用。

❷ 将做法❶的材料混合，再加入猪肉末和所有调味料拌匀，用手捏成想要的大小。

❸ 热油锅，将饼煎至两面呈金黄色即可。

功效解读

....

土豆热量低、富含膳食纤维，既可满足孕妈妈所需的营养，又可增强免疫力，且含钾量丰富，有助于排出孕妈妈体内过多的水分。

紫米珍珠丸子

材料：

紫米100克，猪肉末10克，虾仁5克，香菇2朵

- ● 热量 417.7千卡
- ● 糖类 81.4克
- ● 蛋白质 14.1克
- ● 脂肪 4.0克
- ● 膳食纤维 4.4克

调味料：

盐1/4小匙，白糖2小匙，胡椒粉适量

做法：

❶ 将紫米洗净，泡水4小时，沥干；将香菇洗净，泡发，切细丁；将虾仁以刀背拍打成泥。

❷ 将猪肉末、虾泥、香菇丁与调味料混合，打至起胶即可。

❸ 将做法❷的材料用手挤成球状，放在沥干的紫米上均匀地滚一圈，放入蒸锅中蒸约30分钟即可。

功效解读

....

紫米含有人体所需的氨基酸成分，蛋白质的含量也高，具有滋阴、补肾、健脾的功效；紫米中丰富的膳食纤维可调理孕妈妈的胃肠。

清心润肺 + 补充元气

百合炒牛肉

2人份

材料：
鲜百合80克，莲子30克，
牛肉片60克，葱段10克，
姜片适量

● 热量 361.3千卡
● 糖类 30.7克
● 蛋白质 18.5克
● 脂肪 18.3克
● 膳食纤维 4.5克

调味料：
橄榄油、盐各适量

做法：
❶ 将百合洗净，泡水备用。
❷ 热油锅，爆香葱段、姜片，加入牛肉片以大火快炒，续入鲜百合、莲子翻炒，加盐调味即可。

功效解读

百合润肺清心，具有滋阴、养心、除烦的功效；莲子清心养胃；牛肉能增强孕妈妈的体力。此菜肴可缓解孕妈妈不安的情绪，补充元气。

预防便秘 + 补肾强身

毛豆烧干贝

3人份

材料：
毛豆300克，干贝200克，
胡萝卜、香菇各100克，
葱花、姜末各适量，高汤
400毫升

● 热量 1143.7千卡
● 糖类 89.1克
● 蛋白质 166.0克
● 脂肪 13.7克
● 膳食纤维 21.2克

调味料：
盐、香油各1/4小匙，胡椒粉1/2小匙，橄榄油、水淀粉各1大匙

做法：
❶ 将除高汤外的材料洗净。胡萝卜切丁，和毛豆一起放入开水中汆烫；香菇去蒂，切丁。
❷ 热油锅，放入姜末、葱花爆香，加入香菇丁炒香，倒入高汤煮滚。
❸ 将毛豆、胡萝卜丁、干贝放入炒香的香菇丁中翻炒，加盐、胡椒粉调味，以水淀粉勾芡，起锅前淋上香油即可。

功效解读

毛豆可促进胃肠蠕动，预防便秘；干贝含有丰富的蛋白质及碘，有滋补肾脏的功效，经常食用可以增强体力。

促进胎儿脑部发育 + 增强免疫力

香煎秋刀鱼

1
人份

材料:
秋刀鱼1条

- 热量 462.5千卡
- 糖类 0.0克
- 蛋白质 28.2克
- 脂肪 38.9克
- 膳食纤维 0.0克

调味料:
盐、柠檬各适量

做法:

❶ 将秋刀鱼清除内脏，去鳃，洗净后，擦干水，在鱼身均匀地涂抹盐备用。

❷ 将秋刀鱼放入烤箱，以180℃的温度烤约20分钟。

❸ 食用前挤上柠檬汁即可。

功效解读

　　秋刀鱼含有蛋白质、钙质、DHA 及维生素 D，能促进胎儿脑部发育，补充孕妈妈所需营养；柠檬中富含维生素 C，可增强抵抗力。

增进食欲 + 促进胎儿发育

柠檬鳕鱼

2
人份

材料:
鳕鱼片200克，鸡蛋1个，柠檬1/4个

- 热量 258.2千卡
- 糖类 2.5克
- 蛋白质 47.5克
- 脂肪 6.5克
- 膳食纤维 0.0克

调味料:
盐、胡椒粉、低筋面粉、柠檬汁各适量，橄榄油2小匙

做法:

❶ 将鳕鱼片洗净，在鱼肉两面均匀地抹上盐、胡椒粉，略腌片刻。

❷ 将鸡蛋打散，鳕鱼片蘸上薄薄的蛋液，再裹上一层低筋面粉。

❸ 热油锅，用小火将鳕鱼片煎至两面金黄。

❹ 将柠檬切片后铺在鳕鱼片上，用铝箔纸包裹，放进预热好的烤箱内烤20分钟，食用前淋上适量柠檬汁即可。

功效解读

　　鳕鱼富含蛋白质、维生素 A、维生素 D 等容易被吸收的营养成分，可补充胎儿早期发育所需的营养；柠檬不仅能去除腥味，还可增进孕妈妈的食欲。

（增进食欲＋预防早产）

豉汁鲳鱼

 2人份

材料：
鲳鱼350克，豆豉20克，菠萝块120克

● 热量 522.1千卡
● 糖类 10.2克
● 蛋白质 63.0克
● 脂肪 25.5克
● 膳食纤维 1.7克

调味料：
米酒、酱油各1大匙，葱丝、姜丝、蒜末、盐各适量

做法：

❶ 将鲳鱼去内脏，洗净，鱼两面各划2道斜纹，抹盐备用。

❷ 将鲳鱼淋上酱油、米酒，上面放豆豉、菠萝块、姜丝、葱丝和蒜末。

❸ 取一蒸锅，水开后放入鲳鱼，以大火蒸15～20分钟即可。

功效解读

　　鲳鱼中富含多元不饱和脂肪酸，孕妈妈多吃可预防早产；豆豉能开胃，食欲不好的孕妈妈可多食用此菜。

（滋补开胃＋安胎养身）

树子鲈鱼

 2人份

材料：
七星鲈鱼300克，姜3片

● 热量 475.2千卡
● 糖类 16.8克
● 蛋白质 58.8克
● 脂肪 19.2克
● 膳食纤维 0.01克

调味料：
a 酱油、白糖各1大匙，香油、白醋、胡椒粉各1/2小匙，盐1/4小匙
b 树子300克，酱油1大匙，白糖1小匙，香油、白醋、胡椒粉各1/2小匙，盐1/4小匙

做法：

❶ 将姜片切丝；将七星鲈鱼洗净，切块，用调料 a 腌约20分钟。

❷ 将腌好的七星鲈鱼块用温水略冲放入盘中，将调味料b均匀地淋在七星鲈鱼块上，加姜丝放入蒸锅蒸约10分钟即可。

功效解读

　　鲈鱼中含有蛋白质、胶质和脂肪，不论是怀孕初期用于安胎还是产后用于催乳，都是很好的滋补食材。

芥蓝炒虾仁

2 人份

材料：
芥蓝180克，虾仁50克，蒜2瓣

● 热量 209.0千卡
● 糖类 7.0克
● 蛋白质 10.3克
● 脂肪 15.9克
● 膳食纤维 3.4克

调味料：
橄榄油1大匙，米酒1/2小匙，盐1/4小匙

做法：

❶ 将所有材料洗净。芥蓝切长段；虾仁去肠泥，用米酒和盐略腌；蒜去皮，切片。

❷ 橄榄油入锅烧热，将虾仁过油捞出，爆香蒜片，再放入芥蓝段和3大匙水煮熟。

❸ 加入虾仁翻炒均匀即可。

功效解读

芥蓝中富含铁，可补充女性怀孕期间与分娩时所流失的铁质；虾仁能通乳、补钙。此菜肴可预防贫血，增强人体的抵抗力。

虾仁炒蛋

1 人份

材料：
虾仁200克，鸡蛋2个，葱花适量

● 热量 268.6千卡
● 糖类 0.4克
● 蛋白质 38.7克
● 脂肪 12.5克
● 膳食纤维 0.0克

调味料：
盐1/4小匙，胡椒粉适量，橄榄油1大匙

做法：

❶ 将虾仁洗净后，撒上适量盐及胡椒粉调味。热油锅，放入虾仁，炒至9分熟，捞出沥干备用。

❷ 将鸡蛋打散，加入盐、胡椒粉、虾仁，搅拌均匀。

❸ 将做法❷的材料放入热锅余油中，以中火快炒，至熟嫩后撒上葱花即可。

功效解读

虾仁富含钙质；鸡蛋营养全面，含有丰富的蛋白质、维生素 B_{12}，蛋黄中的卵磷脂可增强人体代谢及免疫功能。

保护胎儿心血管＋预防妊娠高血压

什锦炒虾仁

2人份

材料：

菠萝30克，姜片5克，黑木耳、金针菇、虾仁各50克，胡萝卜、葱段各10克，鱿鱼60克，辣椒1/2根，高汤1小匙

● 热量 216.5千卡
● 糖类 11.75克
● 蛋白质 19.71克
● 脂肪 10.71克
● 膳食纤维 5.38克

调味料：

白醋、香油各1小匙，橄榄油2小匙，盐、料酒各1/2小匙，

做法：

❶ 将除高汤外的材料洗净。黑木耳、菠萝、胡萝卜切片；金针菇剥松；辣椒切丝。

❷ 在鱿鱼表面轻划数刀之后，切块，和虾仁一起放入开水中氽烫后捞起。

❸ 热油锅，爆香葱段、姜片、辣椒丝，先放入做法❶的材料翻炒，再加入氽烫后的鱿鱼块和虾仁，加剩余调味料快炒至熟即可。

功效解读

　　虾仁富含镁，有助于保护胎儿的心血管系统；此外，虾仁所含的牛磺酸还能调节孕妈妈的血压和胆固醇含量。

促进胎儿大脑发育＋强身健体

腰果炒虾仁

2人份

材料：

虾仁100克，生腰果30克，葱段10克，姜2片，鸡蛋1个

● 热量 242.0千卡
● 糖类 8.8克
● 蛋白质 20.7克
● 脂肪 14.5克
● 膳食纤维 0.9克

调味料：

橄榄油1大匙，米酒、淀粉各2/3小匙

做法：

❶ 鸡蛋取蛋清；虾仁去肠泥，洗净沥干，加米酒、淀粉和蛋清腌20分钟。

❷ 热油锅，加腰果转小火炒至变色捞出，放虾仁过油，捞出。

❸ 锅中留余油爆香葱段、姜片，加入腰果和虾仁翻炒均匀即可。

功效解读

　　虾仁可强身健体；腰果富含不饱和脂肪酸，有利于胎儿大脑发育。此菜肴还能改善孕妈妈腰酸无力的症状。

豌豆荚香爆墨鱼

材料：
豌豆荚150克，胡萝卜20克，墨鱼（中卷）2卷，姜丝5克，蒜末1小匙

● 热量 513.0千卡
● 糖类 51.0克
● 蛋白质 50.3克
● 脂肪 11.55克
● 膳食纤维 12.9克

调味料：
盐1/2小匙，米酒、水淀粉各1小匙，橄榄油2小匙，香油适量

做法：
1. 将墨鱼洗净，切花；豌豆荚洗净，去筋及蒂头；胡萝卜洗净，去皮，切片。
2. 热油锅，爆香姜丝、蒜末后，放入做法❶的材料略炒，再加盐和米酒炒匀。
3. 续入水淀粉勾芡略炒，淋上香油拌匀即可。

功效解读

　　豌豆富含 B 族维生素、膳食纤维，其中的维生素 B$_6$ 能维持细胞中多种蛋白质和氨基酸的代谢功能，促进胎儿发育。

章鱼菠菜卷

材料：
菠菜100克，水煮章鱼40克，枸杞子2克，海苔1包

● 热量 158.0千卡
● 糖类 12.05克
● 蛋白质 14.64克
● 脂肪 6.36克
● 膳食纤维 4.04克

调味料：
白醋1小匙，盐1/4小匙，橄榄油1/2小匙

做法：
1. 将菠菜洗净，去除硬梗和根部，氽烫后，切成段状；章鱼切成薄片，烫熟；海苔切粗条备用。
2. 枸杞子用白醋泡软，拌入盐、橄榄油备用。
3. 取一小段菠菜，放在一片章鱼肉上，用一条海苔丝捆上，食用时蘸做法❷的酱汁即可。

功效解读

　　菠菜和枸杞子皆具有明目护眼的功效；菠菜可促进血液循环，保持血管弹性，多吃能预防妊娠贫血的问题。

预防便秘 + 促进胎儿神经系统发育

西芹烩墨鱼

2人份

材料：
西芹200克，墨鱼150克，胡萝卜丝30克，辣椒1根

- 热量 155.7千卡
- 糖类 10.6克
- 蛋白质 26.3克
- 脂肪 0.9克
- 膳食纤维 2.8克

调味料：
盐、水淀粉各适量，橄榄油1大匙，蒜末适量

做法：

❶ 将墨鱼洗净，用刀切花后切片备用。

❷ 将西芹洗净，切段；辣椒切段备用。

❸ 热油锅，爆香蒜末，加入西芹段，待半熟后，放入胡萝卜丝、辣椒段、墨鱼片，加盐略翻炒，淋入水淀粉勾芡即可。

功效解读

　　西芹属于高纤维、低热量蔬菜，富含膳食纤维，可帮助消化，预防便秘；墨鱼含有蛋白质，能促进胎儿的神经系统发育。

保护胎儿神经 + 预防贫血

芦笋墨鱼饺

2人份

材料：
墨鱼浆、芦笋各200克，水饺皮10张

- 热量 225.3千卡
- 糖类 26.0克
- 蛋白质 27.4克
- 脂肪 1.3克
- 膳食纤维 3.6克

调味料：

a 盐1/4小匙，胡椒粉1/6小匙，料酒2小匙，淀粉1大匙

b 淀粉、食用油各适量

做法：

❶ 将调味料 a 加入墨鱼浆中拌匀。

❷ 芦笋洗净，去老茎，汆烫备用。

❸ 在水饺皮上撒适量淀粉，铺上做法❶的材料，再放上汆烫好的芦笋，然后卷起捏合，两端不用捏合。

❹ 卷好的水饺先蒸熟，再放入煎锅略煎上色即可。

功效解读

　　芦笋含有丰富的叶酸，怀孕期间多摄取，能避免胎儿神经管缺损；芦笋中的叶酸也是制造红细胞的重要成分，可预防贫血。

丝瓜炒蛤蜊

材料：

蛤蜊600克，丝瓜1条，嫩姜10克，枸杞子适量

● 热量 66.4千卡
● 糖类 8.5克
● 蛋白质 6.6克
● 脂肪 0.7克
● 膳食纤维 1.2克

调味料：

盐1/4小匙，橄榄油1小匙

做法：

❶ 丝瓜洗净，削皮，切片；嫩姜洗净，切丝；蛤蜊泡水吐沙后洗净。

❷ 热油锅，依序放入丝瓜片、蛤蜊、枸杞子与姜丝快炒，盖上锅盖焖熟即可。

功效解读

蛤蜊含有大量碘，可促进胎儿的生长发育，具有通乳腺、消水肿的作用，适合怀孕初期的女性食用；丝瓜可调节气血，消除水肿。

蒜香蛤蜊上海青

材料：

蛤蜊200克，上海青150克，豆腐75克，蒜片15克

● 热量 202.8千卡
● 糖类 13.4克
● 蛋白质 28.6克
● 脂肪 3.9克
● 膳食纤维 3.8克

调味料：

盐适量，料酒3大匙，橄榄油1小匙

做法：

❶ 将上海青洗净，切段；豆腐切小块；蛤蜊泡水吐沙后洗净。

❷ 热油锅，爆香蒜片，加入上海青段、料酒及蛤蜊略炒。续入豆腐块煮熟，最后加盐调味即可。

功效解读

蛤蜊有滋润五脏、清热利湿、生津止渴的功效；上海青富含叶黄素和 β-胡萝卜素，具有抗癌、抗氧化的功效，可增强免疫力。

（增强免疫力 + 护脑健脑）

酥炸牡蛎

材料：
去壳牡蛎200克，姜7片，罗勒叶10克

● 热量 448.0千卡
● 糖类 37.7克
● 蛋白质 21.7克
● 脂肪 18.2克
● 膳食纤维 0.4克

调味料：
食用油、米酒、盐各1大匙，红薯粉2大匙

做法：

❶ 在牡蛎中加盐，轻轻揉搓，用清水冲净后沥干。

❷ 裹上红薯粉，用筛子把多余的红薯粉筛掉。

❸ 食用油入锅烧热，爆香姜片，放入牡蛎煎炒至熟透，淋上米酒，熄火，加罗勒叶拌匀至香气逸出即可。

功效解读

牡蛎富含18种氨基酸、钙、磷、铁、锌、B族维生素和牛磺酸等营养素，常吃可以增强免疫力，且其中的锌有护脑、健脑的作用。

（补钙强身 + 安神健脑）

牡蛎豆腐羹

材料：
豆腐、牡蛎各100克，章鱼肉、蛤蜊各50克，高汤500毫升，葱段20克

● 热量 284.0千卡
● 糖类 12.5克
● 蛋白质 38.9克
● 脂肪 8.7克
● 膳食纤维 2.1克

调味料：
酱油、淀粉、盐各适量

做法：

❶ 将牡蛎泡水吐沙后洗净；豆腐切片。

❷ 将章鱼肉、蛤蜊加入酱油、淀粉拌匀略腌。

❸ 高汤放入砂锅中煮开，加入豆腐片煮5分钟，续入牡蛎、章鱼肉、蛤蜊煮开，加盐调味，撒上葱段即可。

功效解读

牡蛎含有多种能增进人体健康的有效成分，有"海洋牛奶"之称，能补钙，其中所含的天然牛磺酸能降低血脂，并可促进胎儿大脑发育，安神健脑。

增强免疫力 + 健脑益智

蘑菇烧牛肉

材料:
蘑菇300克，牛肉100克，辣椒10克，洋葱5克

● 热量 208.5千卡
● 糖类 18.7克
● 蛋白质 27.2克
● 脂肪 6.4克
● 膳食纤维 6.2克

调味料:
盐1/2小匙，薄盐酱油1小匙，胡椒粉1/6小匙，食用油适量

做法:

❶ 将蘑菇、牛肉和辣椒洗净，切片；洋葱洗净，切碎备用。

❷ 热油锅，爆香蘑菇片和洋葱碎，再入加牛肉片和辣椒片略炒。

❸ 加入调味料炒熟即可。

> **功效解读**
>
> 蘑菇含有蛋白质、B 族维生素、维生素 D 和锌，有助于增强免疫力，预防疾病，有益于胎儿的智力发育，适合在第一孕期食用。

补血强身 + 促进消化

山药炒羊肉

材料:
山药100克，羊肉片150克，鸡蛋2个，胡萝卜10克，香菜叶少许

● 热量 537.4千卡
● 糖类 13.9克
● 蛋白质 44.7克
● 脂肪 33.6克
● 膳食纤维 1.3克

调味料:
盐适量，橄榄油1大匙

做法:

❶ 将山药、胡萝卜洗净，去皮，切条，入开水烫熟备用。

❷ 鸡蛋打散，入油锅炒至半凝固，起锅备用。

❸ 放入羊肉片炒熟，续入山药条、胡萝卜条、鸡蛋翻炒，加盐调味，撒上香菜叶即可。

> **功效解读**
>
> 山药能滋补身体，促进消化；羊肉含有大量蛋白质、钙，且含铁量比猪肉、牛肉高，脂肪量较低，对人体有很好的补益作用。

促进胃肠蠕动 + 预防贫血

蒜苗炒肉丝

1
人份

材料：
干黑木耳5克，蒜苗1根，猪肉、黄瓜各50克，姜2片

● 热量 166.1千卡
● 糖类 4.6克
● 蛋白质10.9克
● 脂肪 11.6克
● 膳食纤维1.3克

调味料：
橄榄油2小匙，盐1/4小匙，酱油、米酒各1小匙

做法：

❶ 将所有材料洗净。猪肉、黄瓜、姜切丝；将蒜苗切斜片；将干黑木耳泡软，去蒂切丝。

❷ 热油锅，加猪肉丝翻炒至变白后，续入姜丝、蒜苗片、盐、酱油、米酒，一起翻炒。

❸ 放入黑木耳丝、黄瓜丝，炒熟即可。

功效解读

　　黑木耳富含膳食纤维与维生素、矿物质，能促进胃肠蠕动；黄瓜营养丰富；猪肉中蛋白质的含量丰富，有助于预防贫血。

利尿消肿 + 清热降火

黄瓜炒肉片

1
人份

材料：
黄瓜100克，猪瘦肉50克，葱段10克

● 热量 98.0千卡
● 糖类 3.95克
● 蛋白质 11.6克
● 脂肪 4.2克
● 膳食纤维 0.9克

调味料：
酱油2大匙，淀粉、盐各1小匙，米酒、橄榄油各1大匙

做法：

❶ 将黄瓜洗净，切成滚刀块；猪瘦肉洗净，切成片状，放入酱油、淀粉与盐腌渍片刻。

❷ 热油锅，放入猪瘦肉片与葱段，以大火快炒。

❸ 猪瘦肉片炒至8分熟时，放入黄瓜块一起翻炒，淋入米酒翻炒均匀即可。

功效解读

　　黄瓜富含蛋白质、糖类、维生素 A、B族维生素、维生素 C、维生素 E、多种矿物质、膳食纤维，具有排毒、清热降火、利尿消肿等作用。

菠萝黑木耳猪颈肉

材料：
黑木耳、猪颈肉各200克，菠萝块100克，红辣椒块50克，鸡蛋1个，姜丝、香菜各适量

- 热量 904.7千卡
- 糖类 38.3克
- 蛋白质 39.6克
- 脂肪 65.9克
- 膳食纤维 16.2克

调味料：
料酒1大匙，盐、酱油、香油、淀粉、食用油均适量

做法：

❶ 将所有材料洗净。将猪颈肉切薄片，加入蛋清、淀粉、酱油腌渍片刻；黑木耳氽烫后捞出。

❷ 热油锅，放入姜丝、红辣椒块略炒，加入酱油、水、料酒翻炒，续放黑木耳、猪颈肉片翻炒至熟，加盐调味。

❸ 以水淀粉勾芡，放入菠萝块略炒，起锅前淋入香油，加香菜装饰即可。

功效解读

菠萝含有维生素 B_1，可缓解疲劳，增进孕妈妈的食欲。黑木耳中的膳食纤维具有软便功效，能改善孕期常见的便秘问题。

丝瓜炒虾仁

材料：
丝瓜250克，虾仁200克，青葱10克，姜20克，橄榄油1小匙

- 热量 233.6千卡
- 糖类 17.3克
- 蛋白质 24克
- 脂肪 7.1克
- 膳食纤维 2克

调味料：
米酒1小匙，白胡椒粉、淀粉、盐各1/2小匙

做法：

❶ 虾仁洗净，加入米酒、白胡椒粉、淀粉拌匀，放置10分钟；丝瓜洗净，去籽，切条；青葱洗净，切段；姜洗净，切细丝。

❷ 将虾仁氽烫至变红，捞起沥干备用。

❸ 热油锅，爆香葱段、姜丝，放入丝瓜条拌炒均匀，加入1/4 杯水焖煮至丝瓜软化。

❹ 放入虾仁拌炒，最后加入调味料拌匀即可。

功效解读

丝瓜水分含量高，且富含维生素 C，可增强免疫力；虾仁能通乳、补血。此菜肴可预防贫血，增强人体的抵抗力。

增强免疫力 + 抗氧化

彩椒鸡柳

材料：
青辣椒、红辣椒、黄辣椒各
1/2个，鸡柳300克

- 热量 409.5千卡
- 糖类 13.9克
- 蛋白质 73.3克
- 脂肪 6.8克
- 膳食纤维 4.3克

调味料：
淀粉、盐、酱油各适量，橄榄油1大匙

做法：
❶ 将所有材料洗净。将青辣椒、红辣椒、黄
辣椒切成条状备用。

❷ 将鸡柳加入调味料（橄榄油除外）拌匀后
备用。

❸ 热油锅，放入鸡柳翻炒至熟，续入青辣椒
条、红辣椒条、黄辣椒条拌炒均匀，加盐
调味即可。

功效解读
　　青辣椒富含维生素 A、维生素 C，可增
强怀孕时身体的抵抗力；红辣椒、黄辣椒含有
胡萝卜素，具有抗氧化和增强免疫力的功效。

促进营养吸收 + 抗菌消炎

豌豆炒鸡丁

材料：
豌豆仁、玉米粒各100克，
鸡胸肉150克，葱花、香菜
叶各适量

- 热量 344.4千卡
- 糖类 28.1克
- 蛋白质 32.9克
- 脂肪 11.2克
- 膳食纤维 4.4克

调味料：
淀粉1小匙，橄榄油1大匙，盐、胡椒粉、香
油各适量

做法：
❶ 将所有材料洗净。将鸡胸肉切丁，加淀粉、
水稍微抓腌；豌豆仁、玉米粒氽烫备用。

❷ 热油锅，放入腌过的鸡胸肉丁略炒，捞起
备用。

❸ 爆香葱花，放入鸡胸肉丁、豌豆仁和玉米
粒翻炒，加盐、胡椒粉与香油调味，加香
菜叶装饰即可。

功效解读
　　豌豆具有抗菌消炎的功能；玉米与富含
离氨酸的豌豆混合食用，可以发挥蛋白质的
互补作用，促进孕期的营养吸收。

缓解孕吐 + 改善便秘

开洋白菜

● 热量 94.4千卡	
● 糖类 7.2克	
● 蛋白质 14.3克	
● 脂肪 0.9克	
● 膳食纤维 2.4克	

材料：

大白菜200克，香菇3朵，虾米20克，葱段、蒜末、辣椒丝各适量

调味料：

胡椒粉、水淀粉各适量，盐1/4小匙，黑醋1小匙，橄榄油2小匙

做法：

❶ 将大白菜洗净，切片；香菇泡水变软后，切丝；虾米泡水后沥干备用。

❷ 热油锅，爆香蒜末、葱段与辣椒丝，加入虾米、香菇丝炒至溢出香味，加入大白菜片炒至微软。

❸ 加入调味料（水淀粉除外）略炒，最后淋入水淀粉勾芡即可。

功效解读

　　大白菜含有维生素 C 和丰富的膳食纤维，对孕妈妈便秘有改善的作用，并能镇痛与促进胃溃疡愈合，还能缓解孕吐症状。

缓解疲劳 + 补充体力

碧玉白菜卷

● 热量 144.8千卡	
● 糖类 6.34克	
● 蛋白质 80.5克	
● 脂肪 20.2克	
● 膳食纤维 1.35克	

材料：

大白菜4片，猪肉片100克，榨菜20克

调味料：

盐适量，米酒1小匙

做法：

❶ 将大白菜片洗净；榨菜切丝备用。

❷ 取锅，加盐和水煮开后，放入大白菜片转小火煮3分钟，捞出沥干，汤汁留用；在大白菜片上铺上猪肉片、榨菜丝，慢慢卷起。

❸ 将白菜卷、米酒、盐放入做法❷的汤锅中，煮至沸腾后，转小火焖5分钟取出，食用时淋上汤汁即可。

功效解读

　　大白菜可调理肠胃，促进人体内的废物排出；大白菜富含维生素 C，与可补充能量的猪肉一起食用，有助于缓解疲劳、补充体力。

营养开胃 + 补充钙质

鲜炒圆白菜

1
人份

材料：
胡萝卜、香菇各5克，圆白
菜100克

● 热量 34.2千卡
● 糖类 6.2克
● 蛋白质 1.4克
● 脂肪 0.4克
● 膳食纤维 2.3克

调味料：
盐1/4小匙，橄榄油1小匙

做法：

❶ 将所有材料洗净。圆白菜切条状；胡萝卜
去皮，切花片；香菇切片备用。

❷ 热油锅，放入胡萝卜片、香菇片，炒至溢
出香味后，加入圆白菜条和调味料，翻炒
均匀即可。

预防贫血 + 明目养肝

枸杞子炒圆白菜

2
人份

材料：
圆白菜400克，枸杞子10克

● 热量 215.0千卡
● 糖类 24.9克
● 蛋白质 6.0克
● 脂肪 11.3克
● 膳食纤维 6.6克

调味料：
盐1/2小匙，胡椒粉适量，橄
榄油2小匙

做法：

❶ 将圆白菜剥开叶片，洗净，切片；枸杞子
洗净，泡水片刻。

❷ 热油锅，放入圆白菜片、调味料、适量水
翻炒，最后加入枸杞子炒匀即可。

功效解读

圆白菜热量低，能开胃且易使人有饱腹感
其所含的维生素K可以促进钙质、维生素D
的吸收，是预防骨质疏松不可或缺的营养素。

功效解读

圆白菜富含维生素C，可促进对枸杞子
中铁质的吸收，预防贫血；枸杞子有明目养
肝的功效，适合孕期女性食用。

圆白菜炒虾仁

材料:
虾仁20克,圆白菜300克

● 热量 133.4千卡
● 糖类 14.4克
● 蛋白质 6.4克
● 脂肪 6.0克
● 膳食纤维 3.9克

调味料:
酱油、米酒各1/2小匙,香油、橄榄油各1小匙,胡椒粉1/6小匙

做法:

❶ 将圆白菜洗净,撕成小片备用。

❷ 热油锅,爆香虾仁,加入所有调味料炒匀。

❸ 放入圆白菜片及适量水,翻炒至熟即可。

功效解读

　　圆白菜富含叶酸,孕期女性多吃可预防贫血;虾中的磷、钙等营养成分有助于缓解孕妈妈的疲惫感。

河虾拌菠菜

材料:
菠菜300克,河虾20克,姜末适量

● 热量 310.1千卡
● 糖类 19.6克
● 蛋白质 16.7克
● 脂肪 16.6克
● 膳食纤维 2.4克

调味料:
酱油、白醋、料酒各1大匙,味噌2大匙,橄榄油、香油各适量

做法:

❶ 将河虾和菠菜洗净,菠菜切段备用。

❷ 热油锅,爆香姜末,先放入河虾,再加入菠菜段一起炒。

❸ 把所有调味料混合后放入锅中,翻炒均匀即可。

功效解读

　　菠菜含有丰富的叶酸,可调节内分泌,稳定情绪。孕妈妈食用菠菜,有助于胎儿神经系统的发育,预防先天性缺陷。

抑制黑色素沉着 + 预防便秘

豆腐皮炒菠菜

2人份

材料：
菠菜、豆腐皮各150克，姜1片（切末），蒜1瓣（切末）

● 热量 766.0千卡
● 糖类 7.5克
● 蛋白质 63.9克
● 脂肪 22.3克
● 膳食纤维 3.9克

调味料：
酱油1/2小匙，白糖、盐、米酒各适量，橄榄油2小匙

做法：

❶ 将菠菜洗净，切段，用开水氽烫沥干。

❷ 将豆腐皮洗净，切成条状，加入料酒、酱油、姜末拌匀，放置10分钟。

❸ 热油锅，爆香蒜末，依序放入豆腐皮条、菠菜段翻炒均匀即可。

帮助消化 + 补充叶酸

凉拌菠菜

2人份

材料：
菠菜200克

● 热量 301.3千卡
● 糖类 14.2克
● 蛋白质 7.3克
● 脂肪 23.9克
● 膳食纤维 6.6克

调味料：
酱油、香油各1大匙，白糖、蒜末各适量

做法：

❶ 将菠菜洗净，切除根部，氽烫后放入冷开水中泡凉，捞起沥干，切成小段。

❷ 将调味料搅拌均匀，浇淋在菠菜段上即可。

功效解读

菠菜有助于清除人体内的毒素，防止便秘，具有润肠通便的功效；菠菜中丰富的维生素C能抑制黑色素沉着，维持健康的肤色。

功效解读

菠菜中的叶酸含量丰富，可帮助消化、补血。建议女性从怀孕前期开始，每日补充200毫克的叶酸，直至孕12周，有助于胎儿的正常发育。

补血养身 + 补铁高钙

虾酱菠菜

2
人份

材料：
虾壳50克，菠菜350克，辣椒10克

● 热量 215.8千卡
● 糖类 11.9克
● 蛋白质 7.6克
● 脂肪 16.8克
● 膳食纤维 9.1克

调味料：
盐1/2小匙，橄榄油1大匙

做法：
❶ 将虾壳用烤箱以220℃的温度烤酥，加入橄榄油拌匀，即成虾酱。

❷ 将菠菜洗净，切段；辣椒洗净，切薄片。

❸ 炒锅加油烧热，放入虾酱，加入菠菜段、辣椒片及盐，翻炒均匀即可。

功效解读
　　菠菜除含有广为人知的铁、叶酸外，还富含叶黄素、维生素A、维生素C、锰、镁、钙等营养素，适合易贫血的孕妈妈食用。

强健骨骼 + 预防贫血

五香豆干菠菜卷

2
人份

材料：
菠菜200克，春卷皮2张，五香豆干细条30克，熟芝麻5克

● 热量 384.1千卡
● 糖类 50.8克
● 蛋白质 21.6克
● 脂肪 12.0克
● 膳食纤维 12.5克

调味料：
酱油、橙醋各1大匙，橄榄油1小匙，芥末、盐、白糖各1/4小匙，胡椒粉1/6小匙，苹果泥、洋葱泥各2小匙

做法：
❶ 将所有调味料混合均匀，制成和风酱。

❷ 将菠菜洗净，余烫，沥干后用纸巾吸干水分。

❸ 将菠菜、五香豆干条及熟芝麻用春卷皮卷紧后切段，蘸和风酱或淋上和风酱即可。

功效解读
　　菠菜不仅可促进排便、强健骨骼，其富含的维生素C能提高铁的吸收率，并促进铁与造血的叶酸协同作用，有效预防贫血。

强健骨骼＋预防胎儿先天性缺陷

芥菜鲋仔鱼
2 人份

材料：

芥菜250克，鲋仔鱼50克，蒜2瓣，高汤120毫升，红辣椒丝适量

- 热量 73.6千卡
- 糖类 8.5克
- 蛋白质 6.4克
- 脂肪 1.6克
- 膳食纤维 4.0克

调味料：

胡椒粉、盐、橄榄油各适量，水淀粉1大匙

做法：

❶ 将芥菜洗净，切段，汆烫后捞起；将蒜去皮，切片。

❷ 热油锅，将蒜片爆香，放入鲋仔鱼、高汤，煮至沸腾。

❸ 续入芥菜段炒匀，加入水淀粉勾芡，待开后即可起锅，并用红辣椒丝稍加装饰即可。

功效解读

　　芥菜含有丰富的叶酸，可预防胎儿先天性缺陷；鲋仔鱼能提供丰富的钙、维生素C、维生素D，可保健孕妈妈的牙齿、骨骼，并增强修复功能。

清热消肿＋帮助消化

蒜香龙须菜
1 人份

材料：

龙须菜150克，干香菇2朵，蒜2瓣

- 热量 185.9千卡
- 糖类 5.8克
- 蛋白质 5.9克
- 脂肪 15.5克
- 膳食纤维 4.4克

调味料：

橄榄油1大匙，盐1/2小匙，米酒1小匙

做法：

❶ 将龙须菜洗净，切段；将香菇泡软，去蒂，切片；将蒜去皮，切末。

❷ 热油锅，爆香蒜末，加入龙须菜段、香菇片炒熟。

❸ 加盐、米酒调味即可。

功效解读

　　龙须菜富含维生素A、维生素B$_1$、维生素B$_2$、叶酸、铁、钙，能清热消肿、帮助消化，是女性怀孕初期有利胎儿发育的健康食物。

红丝绿豆藕饼

材料：

绿豆20克，胡萝卜100克，莲藕300克

● 热量 366.9干卡
● 糖类 81.2克
● 蛋白质 11.2克
● 脂肪 1.6克
● 膳食纤维 13.0克

调味料：

白糖2小匙

做法：

❶ 将绿豆洗净，泡水一晚备用。

❷ 将绿豆蒸熟，捣成泥；胡萝卜洗净，切碎，捣成泥状。将两者加白糖调匀。

❸ 将莲藕洗净，切开靠近藕节的一端，将做法❷的材料塞入藕洞内，至填满为止，煮熟后切片即可。

功效解读

　　莲藕含有丰富的维生素、蛋白质、淀粉、钙、磷、铁等营养素，食用价值非常高，具有补血强身和促进胃肠蠕动的功效。

醋拌莲藕

材料：

莲藕300克，柠檬汁适量，香菜、红辣椒末各10克

● 热量 285.5干卡
● 糖类 66.9克
● 蛋白质 2.5克
● 脂肪 0.9克
● 膳食纤维 8.2克

调味料：

盐1/4小匙，白糖1小匙

做法：

❶ 将莲藕用百洁布搓洗干净，去除藕节，切成圆薄片；香菜洗净，取一半切末。

❷ 将莲藕片放入滚水中汆烫，立即捞出，以冷开水冲凉。

❸ 加入调味料，淋上柠檬汁，撒上香菜末、红辣椒末，拌匀即可，盛盘时放上香菜作为装饰。

功效解读

　　莲藕富含淀粉、维生素C及铁质，有补血、帮助睡眠、滋润胃肠的功效，但需注意的是，孕妈妈不宜生食莲藕。

（预防贫血 + 维护胎儿健康）

香菇炒芦笋

1 人份

材料：
芦笋200克，香菇30克，蒜
2瓣

- 热量 68.0千卡
- 糖类 10.9克
- 蛋白质 5.1克
- 脂肪 0.5克
- 膳食纤维 4.4克

调味料：
盐1/4小匙，黑胡椒粉适量，橄榄油1小匙

做法：

❶ 将所有材料洗净。香菇切片；蒜去皮，切片；芦笋切段，放入沸水中氽烫至熟后捞起，沥干水备用。

❷ 热油锅，爆香蒜片、香菇片，放入烫熟的芦笋段翻炒，再加盐、黑胡椒粉调味即可。

功效解读

芦笋营养丰富，其所含的叶酸是怀孕初期，女性最需补充的营养素，可维护胎儿神经系统的发育，避免孕妈妈出现贫血和水肿症状。

（补充叶酸 + 减轻心脏压力）

三文鱼芦笋沙拉

2 人份

材料：
莴苣、芦笋各120克，熟三文鱼、小西红柿各50克

- 热量 228.2千卡
- 糖类 19.8克
- 蛋白质 15.9克
- 脂肪 9.5克
- 膳食纤维5.5克

调味料：
低脂酸奶2小匙，葡萄干1小匙

做法：

❶ 将所有材料洗净。莴苣沥干水分，切片；小西红柿对切；将葡萄干和低脂酸奶拌匀；芦笋烫熟后切段；熟三文鱼切片，备用。

❷ 盘中依序铺上莴苣片、芦笋段、三文鱼片、小西红柿，最后淋上拌入葡萄干的低脂酸奶即可。

功效解读

芦笋含有丰富的维生素和微量元素，是孕妈妈补充叶酸的好选择。莴苣含钾量较高，有利于促进排尿、维持体内水钠平衡，从而减轻心脏压力。

黑木耳炒芦笋

材料：

芦笋300克，金针菇、黑木耳、红辣椒各50克

● 热量 125.5千卡
● 糖类 28.3克
● 蛋白质 2.9克
● 脂肪 0.8克
● 膳食纤维 12.0克

调味料：

盐、香油、黑胡椒粉各1小匙，米酒1大匙，食用油适量

做法：

❶ 将芦笋洗净，切段，汆烫后捞起备用。

❷ 将红辣椒洗净，去籽，切丝；黑木耳洗净，切丝；金针菇洗净，切段备用。

❸ 热油锅，倒入红辣椒丝、黑木耳丝、金针菇段炒熟，再加入芦笋段与剩余调味料翻炒均匀即可。

功效解读

芦笋、红辣椒能保护胎儿脑细胞；金针菇含有丰富的膳食纤维及多糖体，有助于肠道排毒。此菜兼具护脑、强健骨骼的功效。

坚果炒芦笋

材料：

开心果仁20克，芦笋300克

● 热量 227.8千卡
● 糖类 21.6克
● 蛋白质 5.1克
● 脂肪 13.8克
● 膳食纤维 6.8克

调味料：

盐1/4小匙，胡椒粉1/6小匙，香油1/2小匙，食用油适量

做法：

❶ 将开心果仁敲碎；芦笋洗净，去皮，切段，放入开水汆烫，捞出沥干备用。

❷ 热油锅，倒入芦笋段翻炒。

❸ 续入所有调味料翻炒，最后撒上开心果碎即可。

功效解读

芦笋含有膳食纤维，能起到润肠通便的作用，可以帮助孕妈妈防治便秘。开心果所含的不饱和脂肪酸有利于胎儿大脑发育。

清肠排毒 + 预防便秘

香菇烩玉米笋

2人份

材料：
豌豆荚、玉米笋各100克，
香菇150克，辣椒1根

- 热量 231.8千卡
- 糖类 32.5克
- 蛋白质 4.9克
- 脂肪 10.9克
- 膳食纤维 11.5克

调味料：
水淀粉1大匙，盐1小匙，胡椒粉1/2小匙，橄榄油2小匙

做法：
1. 将香菇洗净，泡软，划十字；豌豆荚洗净；玉米笋洗净，对切；辣椒洗净，去籽，切片。
2. 热油锅，爆香辣椒片，放入香菇片、豌豆荚、玉米笋翻炒，加入盐、胡椒粉、水炒匀。加水淀粉勾芡，煮沸即可。

功效解读
　　香菇及豌豆荚富含膳食纤维，可避免毒素滞留在人体内过久，有助于排便顺畅，并可清除坏菌、宿便，进而拥有好气色。

增强免疫力 + 稳定情绪

凉拌梅香南瓜片

2人份

材料：
南瓜半个，梅汁1碗，去核梅肉6粒，香菜叶适量

- 热量192.0千卡
- 糖类42.6克
- 蛋白质7.2克
- 脂肪1.0克
- 膳食纤维1.7克

调味料：
盐1小匙

做法：
1. 将南瓜去皮、瓤，切成薄片，加盐调味，轻轻搅拌均匀。
2. 待南瓜片软化后，沥出渗出的水分备用。
3. 将梅汁和去核梅肉拌入南瓜片中，蒸煮，撒上香菜叶即可。

功效解读
　　南瓜具有稳定情绪及消除紧张情绪的作用。这道菜可增强免疫力，并有良好的抗氧化作用，能延缓衰老。

奶酪焗烤土豆

材料：

土豆片300克，火腿2片，鲜奶油、奶酪丝各20克，洋葱丝50克，蒜2瓣

● 热量 413.4千卡
● 糖类 68.2克
● 蛋白质 12.4克
● 脂肪 10.1克
● 膳食纤维 5.3克

调味料：

盐、黑胡椒粉各适量

做法：

❶ 将蒜剥皮，切粒；火腿切丁，备用。

❷ 取一烤盘，依土豆片、洋葱丝、蒜粒、火腿丁的顺序放入，撒上盐、黑胡椒粉调味后，加入鲜奶油至容器一半高度。

❸ 将做法❷的材料放入烤箱，以210℃的温度烤30分钟后取出，在表面撒满奶酪丝后，续烤10分钟，至奶酪表面溶化即可。

功效解读

土豆含有丰富的维生素 B$_6$、维生素 C，对怀孕初期厌食油腻、孕吐有良好的改善作用；土豆富含的钙和磷能安定孕妇的情绪。

焗烤土豆泥

材料：

西红柿2个，土豆1个，洋葱丁适量，奶酪丝适量

● 热量 297.0千卡
● 糖类 53.5克
● 蛋白质 11.1克
● 脂肪 4.5克
● 膳食纤维 7.1克

调味料：

欧芹叶、盐各适量

做法：

❶ 将土豆洗净，去皮，切片；西红柿洗净，以刀尖在蒂头下1/4处切开，挖出果肉，制成西红柿盅备用；将西红柿果肉搅碎，加盐拌成番茄酱汁备用。

❷ 将土豆放入蒸锅蒸熟，捣成泥，与洋葱丁拌匀，填入西红柿盅内略压，撒上奶酪丝，放入烤箱，以180℃的温度烤8分钟。

❸ 烤熟后取出，撒上欧芹叶，食用时淋上番茄酱汁即可。

功效解读

土豆中的蛋白质含有 10 种人体必需的氨基酸，可促进人体生长发育；西红柿中的维生素 A 是胎儿细胞分化及胎儿发育所必备的营养素。

抗衰老 + 稳定血压

双椒咖喱茄子

3 人份

材料：
胡萝卜片、青辣椒各30克，茄子300克，蒜末15克，红辣椒10克

- 热量 170.3千卡
- 糖类 23.4克
- 蛋白质 5.8克
- 脂肪 7.2克
- 膳食纤维 11.4克

调味料：
咖喱粉、橄榄油各1小匙

做法：
1. 将所有材料洗净。热油锅，将蒜末爆香，放入胡萝卜片略炒，将茄子切段后加入翻炒。
2. 续入适量水及咖喱粉后煮开。
3. 将青辣椒及红辣椒切片后，放入锅中煮熟即可。

功效解读
　　茄子含有碳水化合物、蛋白质、脂肪、膳食纤维、多种维生素和钙、磷、铁、钾，以及丰富的胡萝卜素，能护心、抗衰老、稳定血压。

降低胆固醇 + 促进新陈代谢

橘香紫苏茄

1 人份

材料：
紫苏叶20克，茄子100克

- 热量 99.4千卡
- 糖类 24.0克
- 蛋白质 1.4克
- 脂肪 1.0克
- 膳食纤维 3.0克

调味料：
金橘酱2大匙，白芝麻少许

做法：
1. 将茄子洗净，切成小段，泡水3分钟。
2. 将茄子段放入蒸锅蒸熟后盛盘，撒上白芝麻。
3. 食用时，用洗净的紫苏叶包裹住茄子段，蘸些许金橘酱即可。

功效解读
　　茄子含有皂苷，能调节血液中胆固醇的含量，且低热量，易使人有饱腹感；紫苏具有发汗解表、健胃、利尿、解毒的功效，能促进新陈代谢。

四季豆烩油豆腐

干煸四季豆

材料：
四季豆150克，豆芽菜50克，
油豆腐100克

- 热量 215.4千卡
- 糖类 17.1克
- 蛋白质 17.1克
- 脂肪 9.7克
- 膳食纤维 5.3克

调味料：
酱油2小匙，盐1/6小匙，七
味粉适量

做法：

❶ 将四季豆洗净，切段；油豆腐切块备用。

❷ 锅中放入酱油、盐及1杯水，混匀略煮。

❸ 先放入油豆腐块煮4分钟，再加入四季豆段及豆芽菜煮熟。

❹ 将煮熟的菜全部倒出盛盘，最后撒上七味粉即可。

功效解读

　　四季豆中富含蛋白质、维生素 C、膳食纤维，还含有高量的铁质，具有造血、补血的作用，有助于改善贫血。

材料：
冬菜末、小虾米各1/4小
匙，四季豆200克，猪肉末
50克，葱3根

- 热量 104.2千卡
- 糖类 16.3克
- 蛋白质 8.6克
- 脂肪 0.5克
- 膳食纤维 5.6克

调味料：
酱油1/2小匙，白糖、白醋各1/4小匙，橄榄油1小匙

做法：

❶ 将葱洗净，切花；四季豆洗净，切段，放入油锅炸至微干，捞起备用。

❷ 热油锅，放入冬菜末、小虾米、猪肉末炒香后，续入四季豆段一起煸干（焖煮至干）。

❸ 加入酱油、白糖翻炒，起锅前撒上葱花，再滴上白醋提味即可。

功效解读

　　四季豆可补充铁质；其中的维生素 C，能促进女性孕期的铁质吸收；丰富的维生素 A与油脂一同烹煮，更容易被孕妈妈吸收。

促进胃肠蠕动 + 舒缓孕期便秘

三色四季豆

4人份

材料：
四季豆300克，红辣椒40克，白果20克，青豆仁30克

- 热量 413.0千卡
- 糖类 56.2克
- 蛋白质 16.6克
- 脂肪 15.3克
- 膳食纤维 10.4克

调味料：
番茄酱2大匙，白醋、白糖各1大匙，盐、香油各适量，橄榄油2小匙

做法：

❶ 将所有材料洗净，沥干；四季豆去老茎后切成粒状；红辣椒切粒备用。

❷ 分别将四季豆粒、白果、青豆仁氽烫，捞起后沥干。

❸ 热油锅，放入四季豆粒、白果和青豆仁快炒，续入红辣椒粒及剩余调味料，翻炒至熟即可。

功效解读

　　四季豆含有膳食纤维，能促进胃肠蠕动，预防便秘；白果有化痰、止咳、润肺的功效。此菜有助于舒缓孕期便秘。

缓解孕期便秘+促进胎儿生长发育

红丝豌豆荚

2人份

材料：
豌豆荚、胡萝卜各100克，红辣椒10克

- 热量 126.0千卡
- 糖类 15.3克
- 蛋白质 3.5克
- 脂肪 5.6克
- 膳食纤维 6.1克

调味料：
料酒、白糖、酱油、香油各1小匙

做法：

❶ 豌豆荚洗净，去老茎；胡萝卜洗净，切丝；红辣椒洗净，切斜片。

❷ 炒锅加入胡萝卜丝及适量水略煮，加调味料煮2分钟。

❸ 加入豌豆荚、红辣椒片炒匀即可。

功效解读

　　豌豆荚含有丰富的膳食纤维，有助于促进孕妈妈的胃肠蠕动，缓解便秘问题；胡萝卜富含胡萝卜素和维生素A，可促进胎儿的生长发育。

(低脂高蛋白 + 补钙)

凉拌百叶豆腐

1人份

材料：
百叶豆腐块100克，黄瓜块、胡萝卜块各30克，红辣椒片40克，香菜叶少许

● 热量 302.3千卡	
● 糖类 21.9克	
● 蛋白质 15.4克	
● 脂肪 17.0克	
● 膳食纤维 3.4克	

调味料：
香油、盐各1/4小匙

做法：

❶ 将百叶豆腐块、黄瓜块、胡萝卜块氽烫后备用。

❷ 将调味料加入百叶豆腐块、黄瓜块、胡萝卜块中，撒入红辣椒片拌匀，加上香菜叶即可。

功效解读

豆腐是低热量、低脂肪、高蛋白质的健康食材，含钙量高，且含有丰富的植物性雌激素，对孕期补钙有良好的作用。

(缓解疲劳 + 润肠通便)

黄金咖喱什锦豆

2人份

材料：
黄豆50克，花豆、毛豆、玉米粒各30克，洋葱20克

● 热量 740.9千卡	
● 糖类 70.0克	
● 蛋白质 31.7克	
● 脂肪 35.5克	
● 膳食纤维 18.2克	

调味料：
咖喱1/4小块，橄榄油1小匙

做法：

❶ 将所有材料洗净。黄豆和花豆分别泡水3小时，再蒸熟沥干；洋葱切小丁。

❷ 热锅，加入洋葱丁爆香。

❸ 续入3杯水煮开，放咖喱块煮匀，最后加入黄豆、花豆、毛豆、玉米粒煮熟即可。

功效解读

黄豆营养丰富，其中含有天然抗氧化剂——维生素E，能缓解疲劳、促进胎儿发育、抗老防癌；其中的膳食纤维可润滑肠道，预防便秘。

滋补肝肾 + 促进胎儿骨骼发育

芝麻虾味浓汤

材料：

黑芝麻10克，虾壳100克，四季豆50克，脱脂鲜奶100毫升

- ● 热量 128.4千卡
- ● 糖类 13.8克
- ● 蛋白质 7.1克
- ● 脂肪 5.0克
- ● 膳食纤维 3.1克

调味料：

盐1/4小匙，胡椒粉适量

做法：

❶ 将黑芝麻洗净，用烤箱烤熟；虾壳洗净，用烤箱烤至香酥；四季豆洗净，撕老筋，切丁。

❷ 将虾壳放入破壁机中，分次加入脱脂鲜奶与适量水搅打均匀。

❸ 将做法❷的材料以小火煮沸，加入四季豆丁和调味料煮熟，撒入黑芝麻即可。

功效解读

芝麻富含不饱和脂肪酸、钙质、维生素、铁质等营养素，能补肝肾、润五脏，是相当滋补的食材；虾壳含钙量丰富，有助于促进胎儿骨骼发育。

补血补钙 + 促进胎儿神经发育

银鱼紫菜羹

材料：

银鱼100克，紫菜1片，鸡蛋1个，高汤、姜丝各适量

- ● 热量 184.0千卡
- ● 糖类 9.3克
- ● 蛋白质 20.9克
- ● 脂肪 7.0克
- ● 膳食纤维 2.3克

调味料：

盐、白糖各1/4小匙，香油适量

做法：

❶ 将紫菜泡水，散开后沥干；银鱼洗净；鸡蛋打成蛋液。

❷ 汤锅中加入高汤煮开，放入银鱼煮开后，续入紫菜、姜丝和盐、白糖。

❸ 再次煮开后，倒入蛋液、香油，稍微搅拌即可。

功效解读

孕妈妈多吃银鱼可补充钙质；紫菜富含铁、钙、磷，能补血，并增强胃肠功能；银鱼中丰富的 B 族维生素可促进胎儿神经发育。

安胎养胎＋解毒消肿

红豆鲤鱼汤

3人份

材料：

鲤鱼100克，红豆40克，蒜8瓣

- 热量 226.5千卡
- 糖类 25.3克
- 蛋白质 26.3克
- 脂肪 2.2克
- 膳食纤维 4.9克

调味料：

盐1小匙

做法：

1. 将鲤鱼洗净，去鳞，切块；蒜去皮，拍碎。
2. 将红豆洗净，放入清水中浸泡约1小时，捞出沥干。
3. 将8杯水倒入锅中煮开，加入全部材料煮开，转小火再熬约2小时。
4. 加盐调味即可。

功效解读

鲤鱼含有丰富的蛋白质、铁质、钙质及多种维生素，有助于安胎养胎；红豆可健脾利水、解毒消肿，能改善孕期水肿。

增进食欲＋促进新陈代谢

红鲋味噌汤

2人份

材料：

红鲋鱼300克，豆腐1盒，葱花、味噌各适量

- 热量 351.9千卡
- 糖类 11.6克
- 蛋白质 65.8克
- 脂肪 4.7克
- 膳食纤维 1.1克

调味料：

盐适量

做法：

1. 将红鲋鱼洗净，切块；豆腐切块备用。
2. 汤锅中加水煮开后，放入豆腐块、红鲋鱼块。
3. 将味噌加水搅匀后放入锅中，煮开后撒入葱花，加盐调味即可。

功效解读

红鲋鱼含有钙质、蛋白质等多种营养素，味噌能促进新陈代谢。这道料理既可补充孕妈妈所需的营养，又能增进食欲。

活化胎儿脑细胞 + 促进血液循环

莲藕金枪鱼汤

材料：
带皮金枪鱼150克，姜20克，胡萝卜、莲藕、牛蒡各40克

- ● 热量 338.1千卡
- ● 糖类 45.7克
- ● 蛋白质 37.1克
- ● 脂肪 0.8克
- ● 膳食纤维 4.8克

调味料：
料酒、酱油各1大匙，白糖1.5大匙

做法：
1. 将所有材料洗净。金枪鱼去骨，切小块；胡萝卜、莲藕和牛蒡切片备用；姜切丝。
2. 汤锅中加入切好的金枪鱼块、胡萝卜片、莲藕片和牛蒡片，加调味料及水略煮。
3. 加入姜丝，以中火煮6~7分钟即可。

功效解读

　　金枪鱼中富含 EPA 和 DHA 等不饱和脂肪酸，前者可促进血液循环，后者可活化胎儿脑细胞，保护视网膜健康，两者皆是女性孕期不可缺少的营养素。

预防早产 + 预防贫血

三文鱼洋葱汤

材料：
三文鱼200克，洋葱50克

- ● 热量 461.7千卡
- ● 糖类 2.8克
- ● 蛋白质 40.0克
- ● 脂肪 32.3克
- ● 膳食纤维 1.1克

调味料：
味噌、白糖、料酒各1大匙

做法：
1. 将所有材料洗净。三文鱼去骨，切块；将洋葱切成圈备用。
2. 锅中加入适量水，放入三文鱼块、洋葱圈。
3. 将调味料混合后加入锅内，以小火煮开即可。

功效解读

　　三文鱼富含叶酸，叶酸是女性怀孕初期的重要营养素。摄取充足的叶酸，能降低孕妈妈出现贫血、倦怠、记忆衰退等症状的概率，也可预防早产。

改善便秘 + 促进新陈代谢

紫菜玉米排骨汤

补充钙质 + 调节新陈代谢

苦瓜排骨汤

3
人份

材料：
紫菜10克，猪排骨100克，
玉米50克

2
人份

● 热量 288.1千卡
● 糖类 7.3克
● 蛋白质 21.4克
● 脂肪 19.3克
● 膳食纤维 1.9克

调味料：
盐、胡椒粉各1/6小匙

做法：

1 将所有材料洗净。紫菜剪小段；猪排骨、玉米剁成块状，备用。

2 猪排骨块放入开水中汆烫，以水冲净，去除杂质。

3 汤锅加入适量水，放入猪排骨块熬煮30分钟。

4 续入玉米块熬煮30分钟，最后放入紫菜段和调味料略煮即可。

材料：
苦瓜、猪排骨各300克，姜
片15克，百合10克

● 热量 879.5千卡
● 糖类 13.5克
● 蛋白质 72.6克
● 脂肪 59.5克
● 膳食纤维 6.4克

调味料：
盐适量

做法：

1 将苦瓜洗净，去籽，切块，汆烫去除苦味；猪排骨洗净，切块，汆烫去除血水。

2 在锅中放入苦瓜块、猪排骨块、姜片、百合和1500毫升水，用小火熬煮约半个小时，加盐调味即可。

功效解读

　　紫菜富含蛋白质，易消化吸收；玉米中富含膳食纤维，能保护肠道，是改善便秘的好食物；猪排骨中的镁是细胞新陈代谢的必要元素。

功效解读

　　苦瓜中的维生素 C 含量丰富，可利尿、降火，调节人体新陈代谢，强化免疫功能；猪排骨含有钙质、蛋白质，可提供女性怀孕初期所需的营养。

栗子莲藕排骨汤

材料：
栗子（去壳）100克，莲藕300克，猪排骨400克，蒜3瓣，姜5片，香菜叶少许

（4人份）

- 热量 1436.9千卡
- 糖类 105.5克
- 蛋白质 79.3克
- 脂肪 77.5克
- 膳食纤维 14.4克

调味料：
酱油3大匙，米酒、蚝油各1大匙，白糖1小匙

做法：

❶ 将莲藕洗净，切块；将栗子洗净备用。

❷ 将猪排骨切块，汆烫去血水，放入锅中略微煸干，锁住肉汁后捞起备用。

❸ 将全部食材及调味料放入陶锅中，加800毫升水淹过食材，中火煮开后转小火煮1小时，熄火闷10分钟，加上香菜叶即可。

功效解读

栗子有"干果之王"的称号，可抗衰老，预防骨质疏松、口腔溃疡；莲藕可补中益气，能缓和孕妈妈食欲不振的症状。

胡萝卜炖肉汤

材料：
土豆50克，葱段10克，姜片2片，红枣3颗，五花肉200克，胡萝卜100克

- 热量 1084.6千卡
- 糖类 27.7克
- 蛋白质 31.8克
- 脂肪 94.1克
- 膳食纤维 3.9克

调味料：
a 酱油2大匙，陈醋、白糖、米酒各1小匙
b 橄榄油1大匙

做法：

❶ 将所有材料洗净。胡萝卜、土豆去皮，切块；五花肉切块，汆烫。

❷ 热油锅，爆香葱段、姜片，加入五花肉块及胡萝卜块、土豆块翻炒，再加入红枣、调味料 a 和50毫升水焖煮20分钟即可。

功效解读

胡萝卜富含有益于胎儿成长所需的营养素，能增强女性怀孕期间的免疫力，改善眼睛疲劳、贫血的症状，还能促进血液循环。

改善造血功能 + 预防孕吐

菠菜猪肝汤

1人份

材料：
菠菜120克，猪肝80克，姜丝适量

● 热量 137.9千卡
● 糖类 8.0克
● 蛋白质 19.9克
● 脂肪 2.9克
● 膳食纤维 2.9克

调味料：
盐1/4匙，米酒1小匙，白胡椒粉、香油各适量

做法：

❶ 将菠菜洗净，切段；猪肝洗净，切片。

❷ 将水煮沸后，加入姜丝、猪肝片，再次煮沸，加入菠菜段。

❸ 等汤再次煮开后，加入调味料即可。

功效解读

　　猪肝和菠菜含有叶酸、维生素 B_5、烟酸和铁质等营养素，能改善孕妈妈的造血功能，缓解疲倦感；猪肝中的维生素 B_6 可预防抽筋、呕吐等症状。

补血益气 + 增强免疫力

南瓜蘑菇浓汤

2人份

材料：
蘑菇100克，南瓜250克

● 热量 237.4千卡
● 糖类 46.9克
● 蛋白质 13.7克
● 脂肪 1.3克
● 膳食纤维 6.1克

调味料：
脱脂鲜奶1/2杯，盐1/4小匙，白胡椒粉适量

做法：

❶ 将南瓜洗净，去瓤，去皮，切小块，蒸熟；蘑菇洗净，切小块。

❷ 将南瓜块、蘑菇块加脱脂鲜奶及适量水一起煮开。

❸ 加盐和白胡椒粉调匀即可。

功效解读

　　菇类被证实可抗氧化，且富含膳食纤维；南瓜是维生素 A 的优质来源，也是补血圣品，多吃可防癌，并可增强人体的免疫力。

调节新陈代谢 + 滋补健体

竹荪鸡汤

2 人份

缓解便秘 + 增强免疫力

红枣乌鸡汤

1 人份

材料：

竹荪40克，鸡腿1只，香菇3朵，胡萝卜适量，姜20克，高汤1000毫升

- 热量 498.2千卡
- 糖类 33.4克
- 蛋白质 49.3克
- 脂肪 18.6克
- 膳食纤维 7.0克

调味料：

盐1/4小匙，白醋适量

做法：

1. 将鸡腿去骨，切块，洗净，放入开水中汆烫取出；胡萝卜、姜洗净，切片。

2. 将竹荪洗净，略泡水后切成段，放入添加了白醋的开水中汆烫取出。

3. 锅中加入高汤煮滚，放入其余材料煮约10分钟，再加盐调味即可。

材料：

牛蒡150克，枸杞子30克，乌鸡300克，红枣5颗

- 热量 620.8千卡
- 糖类 68.9克
- 蛋白质 65.8克
- 脂肪 9.1克
- 膳食纤维 15.3克

调味料：

盐适量

做法：

1. 将所有材料洗净。牛蒡切成块状；乌鸡切大块。

2. 取一锅，放入牛蒡块、乌鸡块和枸杞子、红枣、1000毫升水，煮约30分钟。

3. 加盐调味即可。

功效解读

竹荪属于菌菇类食材，性温和，蛋白质含量高，且富含维生素A和B族维生素，不仅能滋补健体，且可调节人体的新陈代谢。

功效解读

枸杞子可健脑，增强免疫力；牛蒡中所含的寡糖可消除胀气，还可改善孕期便秘的症状，但因性寒，孕妈妈不宜大量食用。

改善便秘＋增强视力

金针花鸭肉汤

材料：
鸭肉1000克，金针花40克，
姜50克

- 热量 548.6千卡
- 糖类 4.5克
- 蛋白质 105.2克
- 脂肪 12.2克
- 膳食纤维 1.0克

调味料：
盐1/4小匙，米酒1大匙

做法：

❶ 将所有材料洗净。鸭肉剁小块，以开水氽烫后捞出备用。

❷ 将金针花泡发，去蒂打结；姜去皮，切片备用。

❸ 将鸭肉块、金针花、姜片、1500毫升水，以及调味料一起放入锅中，煮熟即可。

功效解读

　　金针花颇具食疗价值，富含维生素A、膳食纤维，能促进胃肠蠕动，有提高视力的功效。孕妈妈多吃金针花，可有效改善便秘的症状。

补充营养＋增进食欲

山药虫草三文鱼汤

材料：
山药（去皮）30克，冬虫夏草20克，三文鱼50克，香菇2朵，葱1根，高汤30毫升

- 热量 309.7千卡
- 糖类 6.2克
- 蛋白质 11.0克
- 脂肪 26.8克
- 膳食纤维 0.9克

调味料：
盐1/4小匙，水淀粉2小匙，香油适量，橄榄油1大匙

做法：

❶ 将三文鱼洗净，切块；山药、香菇洗净，切丁；葱洗净，切段备用。

❷ 热油锅，爆香葱段、香菇丁，续入三文鱼块、山药丁、冬虫夏草、高汤，煮开后转小火续煮。

❸ 放盐调味，起锅前加水淀粉勾芡，滴入香油即可。

功效解读

　　山药可保护胃壁，增进食欲，增强胃肠的消化功能；三文鱼富含钙、铁、蛋白质与DHA，可提供孕妈妈及胎儿所需的营养。

补气养阴 + 预防贫血

黄精牛肉汤

2人份

材料：
牛肉200克，黄精2片，葱2
根，姜数片，高汤800毫升

调味料：
米酒1/4杯，盐适量

- 热量 663.9千卡
- 糖类 2.7克
- 蛋白质 29.6克
- 脂肪 59.4克
- 膳食纤维 0.0克

做法：
1 将除高汤外的材料洗净。牛肉切片；葱
切段。
2 烧开水，放入米酒、一半葱段和4片姜，
加入牛肉片煮约10分钟后熄火浸泡，再以
冷水冲洗。
3 将全部材料放入电饭锅，锅内放2杯水，按
下开关，待开关跳起，加盐调味即可。

功效解读
黄精有补气养阴的功效，孕妇食用能够很
好地提高体力、抵抗疲劳；牛肉中含有铁质和
蛋白质，能预防贫血。

补血降压 + 生津益气

党参猪心汤

2人份

材料：
党参30克，猪心250克

调味料：
盐适量

- 热量 315.9千卡
- 糖类 3.5克
- 蛋白质 40.0克
- 脂肪 15.8克
- 膳食纤维 0.0克

做法：
1 将猪心洗净，切片，与党参一起放入炖
盅内。
2 加入适量水，隔水炖熟，加盐调味即可。

功效解读
猪心含有丰富的蛋白质；党参具有生津
益气的功效，能增加血红蛋白，有补血的作
用，并具有一定的降压效果。

养心安神 + 健脾益胃

甘麦枣藕汤

材料:
莲藕250克,小麦75克,甘草12克,红枣5颗

● 热量 482.1千卡
● 糖类 102.1克
● 蛋白质 12.8克
● 脂肪 2.5克
● 膳食纤维16.1克

调味料:
盐1/4小匙,白醋适量

做法:

❶ 将小麦洗净,泡水1小时;莲藕洗净,去皮,切片,放入清水中,加适量白醋浸泡5分钟。

❷ 将小麦、甘草、红枣放入砂锅中,加入适量水煮开。

❸ 续入莲藕片以小火煮软,加盐调味即可。

功效解读

小麦具有养心安神的作用;甘草、红枣具有健脾益胃、益气补血的功效;莲藕可以补血,有宁心、安神的作用。

改善便秘 + 增强免疫力

首乌炖鸡蛋

材料:
何首乌100克,鸡蛋2个,枸杞子5克,葱段、姜片各适量

● 热量 187.7千卡
● 糖类 2.5克
● 蛋白质 15.2克
● 脂肪 12克
● 膳食纤维 0.8克

调味料:
盐、料酒各适量

做法:

❶ 将何首乌洗净备用。

❷ 洗净鸡蛋,汤锅中加入水,将鸡蛋略微煮熟,去壳后备用。

❸ 将鸡蛋、何首乌放入锅内,加入水、葱段、姜片、枸杞子及调味料,煮沸后,再以小火熬煮约5分钟即可。

功效解读

何首乌含有大黄酸、卵磷脂,对改善血液循环、便秘均有效;蛋黄中的卵磷脂,能增强女性怀孕期间身体的代谢功能,并能增强免疫力。

促进胎儿脑细胞发育 + 缓解便秘

松子甜粥

2 人份

材料：
松子仁50克，大米100克

调味料：
蜂蜜适量

- 热量 728.2千卡
- 糖类 89.4克
- 蛋白质 15.4克
- 脂肪 34.4克
- 膳食纤维 8.4克

做法：

❶ 将松子仁、大米洗净，沥干备用。

❷ 将大米、松子仁放入锅中，加水，熬煮至熟透。

❸ 食用时，淋上蜂蜜即可。

功效解读

　　松子中的油脂多为不饱和脂肪酸，能促使细胞生物膜更新，提供胎儿脑神经发育所需的养分，但因松子的热量高，孕妈妈不宜过量食用；蜂蜜含有氨基酸，能促进血液循环，刺激胃肠道蠕动，有助于缓解孕期便秘。

调节脑神经 + 营养高钙

核桃芝麻糊

2 人份

材料：
核桃30克，黑芝麻50克，牛奶100毫升

- 热量 800.2千卡
- 糖类 73.4克
- 蛋白质 16.9克
- 脂肪 48.8克
- 膳食纤维 10.1克

调味料：
冰糖4大匙，蜂蜜适量

做法：

❶ 将黑芝麻、核桃以小火炒香，待冷却后，倒入破壁机中，加水500毫升，打至无粗粒。

❷ 取一汤锅，加入冰糖、900毫升水，加热至烧开后放入打成糊的黑芝麻和核桃。

❸ 以小火烧沸后，加入牛奶、蜂蜜，搅拌均匀即可。

功效解读

　　黑芝麻富含钙；核桃含有人体必需的脂肪酸及蛋白质，其中的磷脂对脑神经有良好的保健作用，有助于自主神经系统的协调。

甘蔗双豆汤

5 人份

材料：

绿豆300克，红豆150克，甘蔗汁500毫升

- 热量 1778.8千卡
- 糖类 330.1克
- 蛋白质 104.3克
- 脂肪 4.6克
- 膳食纤维 54.0克

做法：

1. 将红豆、绿豆洗净，在锅中浸泡半小时，加入适量水，煮至沸腾。
2. 改小火煮约20分钟，煮至两种豆子都松软。
3. 加入甘蔗汁煮沸即可。

功效解读

红豆、绿豆可消肿利尿、清热解毒，促进胃肠蠕动，清除孕妈妈的宿便困扰；甘蔗亦可清凉解暑，帮助消化。

红豆甜薯汤

2 人份

材料：

红薯200克，红豆20克，黑豆10克

- 热量 351.5千卡
- 糖类 73.2克
- 蛋白质 9.9克
- 脂肪 1.9克
- 膳食纤维 9.1克

调味料：

黑糖2大匙

做法：

1. 将红豆和黑豆洗净，泡水3小时；红薯去皮，洗净，切块。
2. 在红豆和黑豆中加入适量水煮熟。
3. 加入红薯块以小火炖熟，再加黑糖调味即可。

功效解读

红薯、红豆皆富含膳食纤维及抗氧化物，适量食用不仅可促进胃肠蠕动，排出人体内的毒素，还可增强人体抗氧化能力。

促进肠道蠕动 + 促进胎儿大脑发育

红豆杏仁露

3 人份

材料：
红豆30克，杏仁100克

● 热量 767.2千卡
● 糖类 42.6克
● 蛋白质 31.1克
● 脂肪 52.5克
● 膳食纤维 39.2克

调味料：
冰糖适量

做法：

❶ 将红豆洗净，蒸软备用。

❷ 将杏仁洗净，泡水3小时；将杏仁与浸泡的水一同放入破壁机中打匀，过筛取汁。

❸ 将杏仁汁倒入锅中煮开，加入蒸软的红豆，再加入冰糖调味即可。

高纤降压 + 养血安神

安神八宝粥

2 人份

材料：
桂圆肉15克，红枣、黑枣各3颗，红豆、花豆、绿豆、莲子各10克，圆糯米100克

● 热量 757.7千卡
● 糖类 163.3克
● 蛋白质 19.6克
● 脂肪 2.9克
● 膳食纤维 6.9克

调味料：
白糖3大匙

做法：

❶ 将圆糯米、红豆、花豆、绿豆洗净，泡水；桂圆肉和莲子洗净备用。

❷ 将红豆、花豆、绿豆、莲子倒入锅中，加入2000毫升水，以小火煮软；续入圆糯米、红枣和剩余的水，继续熬煮。

❸ 待熟后，加入桂圆肉及白糖拌匀即可。

功效解读

杏仁含有维生素E、植物性蛋白质、不饱和脂肪酸等营养素，可促进胎儿大脑细胞的发育；其丰富的膳食纤维能促进肠道蠕动。

功效解读

红豆高纤助排便，其所含的铁可补血；绿豆富含蛋白质、维生素A、B族维生素、维生素C，有清热、利尿、降压的作用；莲子能补心益脾、养血安神。

银耳百合桂圆露

红枣菇耳汤

材料：

枸杞子20克，桂圆肉、莲子、百合、魔芋块、干银耳各50克

- 热量 631.5千卡
- 糖类 124.5克
- 蛋白质 27.3克
- 脂肪 2.7克
- 膳食纤维 38.9克

调味料：

冰糖适量

做法：

❶ 将所有材料洗净。百合泡于清水中1小时，备用。

❷ 将银耳泡发，去粗蒂，切成小块，放入锅中，加400毫升水煮开后转小火煮2.5小时。

❸ 续入冰糖及百合、桂圆肉、莲子、枸杞子、魔芋块，再煮30分钟即可。

材料：

香菇15克，银耳10克，莲子20克，红枣5颗

- 热量 149.1千卡
- 糖类 30.0克
- 蛋白质 6.3克
- 脂肪 0.4克
- 膳食纤维 6.4克

调味料：

白糖适量

做法：

❶ 将香菇、银耳以温水泡软，洗净。

❷ 将其他材料洗净，和香菇、银耳一起放入砂锅，加水同煮。

❸ 煮沸后，以小火煨煮约30分钟，加入白糖调味即可。

功效解读

　　银耳可润肺益气；莲子富含钙、磷、铁等矿物质，可养心安神并帮助孕妈妈入眠；女性怀孕前期食用桂圆，有补血的功效。

功效解读

　　银耳有滋阴清热、养胃生津、缓解疲劳的功效；莲子则可补中益气、镇静安神。这道汤品能益气养血、健脾益肾。

滋阴养胃 + 增强免疫力

藕节红枣煎

5人份

材料：
藕节250克，红枣500克

调味料：
红糖适量

- 热量 1392.3千卡
- 糖类 340.0克
- 蛋白质 3.0克
- 脂肪 2.3克
- 膳食纤维 45.3克

做法：

❶ 将藕节洗净，切小块，加水煎至浓稠状。

❷ 放入红枣煮熟，最后加入红糖调味即可。

改善孕吐 + 预防感冒

姜汁炖鲜奶

1人份

材料：
鲜奶200毫升，姜20克，鸡蛋1个，薄荷叶适量

调味料：
冰糖1小匙

- 热量 164.0千卡
- 糖类 14.2克
- 蛋白质 10.0克
- 脂肪 7.4克
- 膳食纤维 0.4克

做法：

❶ 将姜洗净，放入榨汁机搅打成汁；鸡蛋取蛋清打匀备用。

❷ 将姜汁、鲜奶、蛋清搅拌均匀，放入有盖的炖盅内，入蒸锅蒸约30分钟取出，以冰糖调味，最后放上薄荷叶作为装饰即可。

功效解读

　　藕节能健脾生肌、滋阴养胃，其富含铁，对预防缺铁性贫血有益；红枣含有丰富的维生素C，可增强孕妈妈的免疫力，促进孕妈妈对铁的吸收。

功效解读

　　姜可促进血液循环，改善手脚冰冷的情况，还可健胃理气、消除胀气，有助于改善孕吐，并有预防感冒的功效。

蜜桃奶酪布丁

材料：
蜜桃300克，奶酪布丁4个

● 热量 613.8千卡
● 糖类 99.8克
● 蛋白质 17.0克
● 脂肪 19.5克
● 膳食纤维 5.1克

调味料：
白糖2.5大匙

做法：

❶ 将蜜桃洗净，去核，切块。

❷ 锅中加入白糖及2大匙水煮溶，放入蜜桃块，以中火煮5分钟，再以小火煮15分钟，待凉后放入密封罐冰镇。

❸ 将做法❷的材料压成泥状，放在奶酪布丁上即可。

功效解读

蜜桃富含铁、有机酸和膳食纤维，可促进胃肠蠕动，预防便秘，增进食欲，适合在食欲不佳的怀孕初期食用。

草莓杏仁冻

材料：
杏仁粉、草莓酱各30克，琼脂粉5克，薄荷叶适量

● 热量 214.0千卡
● 糖类 49.1克
● 蛋白质 1.2克
● 脂肪 1.7克
● 膳食纤维 4.2克

做法：

❶ 将杏仁粉、琼脂粉加240毫升水煮开，待凉后放入模型器具内，置于冰箱冷藏。

❷ 待杏仁冻凝固后倒于杯内，再添加草莓酱，放上薄荷叶作为装饰即可。

功效解读

草莓中含有丰富的维生素 C，可预防维生素 C 缺乏症；其中的膳食纤维能帮助消化、清理肠胃。草莓与琼脂皆可使人产生饱腹感，有助于女性孕期体重的控制。

改善便秘 + 加速新陈代谢

酸奶苹果哈密瓜沙拉

材料：
生菜300克，哈密瓜球、苹果球各70克

② 人份

- 热量 177.8千卡
- 糖类 35.0克
- 蛋白质 5.4克
- 脂肪 3.3克
- 膳食纤维 4.6克

调味料：
低脂酸奶5大匙，柳橙果粒1大匙，柠檬汁2小匙

做法：
① 将调味料放入小碗中混合均匀；生菜洗净，撕小片备用。
② 将所有食材摆盘，淋上调味料即可。

防止钙流失 + 安神、排毒

松子红薯煎饼

① 人份

- 热量 485.2千卡
- 糖类 82.9克
- 蛋白质 7.9克
- 脂肪 13.5克
- 膳食纤维 6.1克

材料：
中筋面粉、红薯各50克，松子仁20克，炼乳、黑芝麻各适量

调味料：
白糖1大匙，食用油适量

做法：
① 将红薯洗净，去皮，蒸熟后压成泥。
② 将面粉加水揉成面团，分成4块，擀成圆形的饼皮。
③ 在红薯泥中加白糖、松子仁、炼乳，搅拌均匀成内馅。
④ 将内馅包入圆形饼皮中，表面蘸适量水后裹上黑芝麻，两面煎成金黄色即可。

功效解读

苹果含有果胶和鞣酸，可调节生理机能，缓解轻度腹泻和便秘；哈密瓜含有多种营养成分，能加速人体内的新陈代谢。

功效解读

红薯含有丰富的膳食纤维，有助于清除人体内的宿便，同时可以防止钙质流失，具有安神的效果，是十分健康的食材。

葡萄干腰果蒸糕

2
人份

材料:
低筋面粉160克,鸡蛋2个,
水150毫升,泡打粉10克,
腰果、葡萄干适量

- 热量 966.5千卡
- 糖类 192.2克
- 蛋白质 21.3克
- 脂肪 12.5克
- 膳食纤维 6.6克

调味料:
白糖4大匙,盐适量

做法:

❶ 把鸡蛋、水打匀,加入过筛的低筋面粉、
白糖、盐及泡打粉拌匀。

❷ 将面糊倒入模具中,撒上葡萄干、腰果,
放入锅中蒸熟即可。

功效解读

　　孕妈妈适量摄取腰果,可使排便顺畅;
葡萄干含有丰富的铁,其主要成分为葡萄糖,
被人体吸收后能转化成孕妈妈需要的能量,有
效缓解疲劳。

紫米桂圆糕

4
人份

材料:
紫米、糯米各200克,桂圆
肉100克

- 热量 1693.9千卡
- 糖类 363.1克
- 蛋白质 39.9克
- 脂肪 9.1克
- 膳食纤维 10.1克

调味料:
红糖1大匙,米酒100毫升

做法:

❶ 将紫米洗净,泡水一晚;将糯米洗净,泡
水10分钟。

❷ 将紫米、糯米倒入电饭锅中,加入桂圆肉
与米酒。

❸ 煮熟,趁热拌上红糖后放入模具,待凝固
取出切块即可。

功效解读

　　紫米含有丰富的蛋白质、叶酸及铁、锌、
钙、磷等怀孕期间所需的营养素,具有安定
神经、补中益气、补血明目的功效。

缓解孕吐 + 帮助消化

紫苏青橘茶

1 人份

材料：
新鲜青橘5颗，紫苏3片

调味料：
蜂蜜1小匙

- 热量 28.8千卡
- 糖类 6.9克
- 蛋白质 0.2克
- 脂肪 0.1克
- 膳食纤维 0.6克

做法：
1. 将青橘、紫苏洗净后沥干。
2. 将青橘切片、紫苏切碎后，放入杯中加水至8分满。
3. 放入锅中，加水1/3杯，按下开关，煮至开关跳起，加入蜂蜜即可。

代谢排毒 + 补血安神

红枣枸杞子茶

2 人份

材料：
红枣12颗，枸杞子15克

- 热量 123.0千卡
- 糖类 27.8克
- 蛋白质 2.5克
- 脂肪 0.1克
- 膳食纤维 4.3克

做法：
1. 将红枣洗净，用刀在表面划2刀；枸杞子洗净，放于水中浸泡。
2. 将红枣和枸杞子放入锅中，加3杯水以大火煮沸，转小火续煮20分钟即可。

功效解读
紫苏具有调节胃肠功能的作用，可帮助消化，促进胃肠蠕动及胃液分泌；搭配青橘，可缓解孕吐的症状，具有止呕效果。

功效解读
红枣有补血安神的功效，可增强胃肠功能；枸杞子可将人体内的代谢废物排出体外。此茶饮能改善孕妈妈的消化功能，舒缓不适、释放压力。

粉红樱桃美人饮

材料:
樱桃10颗,碎冰1/2杯

调味料:
蜂蜜1大匙

| ● 热量 114.0千卡 |
| ● 糖类 29.0克 |
| ● 蛋白质 0.9克 |
| ● 脂肪 0.4克 |
| ● 膳食纤维 1.4克 |

做法:

❶ 将樱桃洗净,去核。

❷ 将所有材料一起放入榨汁机中,以高速打成汁,倒入杯中,加蜂蜜调味即可。

芝麻香蕉牛奶

材料:
香蕉1根,鲜奶300毫升,芝麻粉1小匙

| ● 热量 334.4千卡 |
| ● 糖类 40.0克 |
| ● 蛋白质 12.1克 |
| ● 脂肪 14.0克 |
| ● 膳食纤维 2.3克 |

做法:

❶ 将香蕉去皮,切段。

❷ 将所有材料放入榨汁机中,搅打均匀即可。

功效解读

樱桃中铁质的含量丰富,且其含有胡萝卜素、维生素 B_1、维生素 B_2、维生素 C 和柠檬酸、钙、磷等营养素,可补血,并有益肠胃,女性孕期多食用,有助于胎儿皮肤美白。

功效解读

香蕉中钾的含量高,能润肠通便,改善女性孕期的便秘问题;香蕉含有微量元素锌,可促进胎儿中枢神经系统的发育。但香蕉性寒,空腹不宜食用。

消除水肿 + 安胎

美颜葡萄汁

材料：
葡萄20颗

调味料：
蜂蜜1大匙

* 热量 160.2干卡
* 糖类 41.3克
* 蛋白质 1.4克
* 脂肪 0.4克
* 膳食纤维 1.2克

做法：

❶ 将葡萄洗净，放入榨汁机中打汁，以滤网过滤果皮和果渣。

❷ 依个人喜好调入蜂蜜拌匀即可。

功效解读

　　葡萄有利尿、健胃、强筋骨、除风湿等功效，可消除水肿、烦渴，并可改善虚胖，还有安胎、美颜的作用，能促进胎儿的发育。

预防水肿 + 帮助排毒

核桃糙米浆

材料：
熟花生仁、核桃仁各20克，糙米100克

调味料：
白糖2大匙

* 热量 816.9干卡
* 糖类 131.3克
* 蛋白质 16.2克
* 脂肪 25.2克
* 膳食纤维 6.4克

做法：

❶ 将糙米洗净，浸泡1小时备用。

❷ 在糙米、花生仁、核桃仁中加入800毫升水，放入豆浆机中搅打成浆。

❸ 在做法❷打成的浆中加1000毫升水，用小火煮至沸腾，再加入白糖，搅拌至糖溶化即可。

功效解读

　　糙米含有蛋白质、维生素 A、B 族维生素，能促进胃肠蠕动，帮助排毒，预防女性孕期的便秘与水肿，且易使人有饱腹感，有辅助控制体重的功效。

第二孕期（15~28周）

规律饮食，营养均衡、多元化

食补重点
早餐丰富、午餐适中、晚餐少量，三餐定时、定量。
每天吃多种不同类别的食物，兼顾营养均衡。

营养需求
怀孕中期，孕妈妈特别要注意蛋白质、镁、碘、硒、B族维生素、维生素C、维生素D、维生素E等营养素的额外摄取，并避免吃垃圾食品。

五花肉
补血养血，提高抵抗力，强健骨骼

柑橘
调节血压，强化血管，预防感冒，美容养颜，健胃，改善便秘

菠菜
补血，保持活力，增强免疫力，保护视力，美容养颜，缓解疲劳

第二孕期要吃些什么？

①富含蛋白质的食物：蛋类、肉类、豆类、奶类等。

②富含叶酸的食物：动物内脏、啤酒酵母、豆类（扁豆、豌豆等）、绿色蔬菜（芦笋、菠菜、西蓝花等）、柑橘类水果（柳橙、橘子、柠檬、葡萄柚等）等。

③富含B族维生素的食物：糙米、全谷类、乳制品、坚果类、绿色蔬菜等。

④富含维生素D、维生素E的食物：动物肝脏、沙丁鱼、鸡肉、蛋黄等。

⑤富含镁、碘、硒等矿物质的食物：小麦胚芽、洋葱、西红柿、海带、紫菜、深绿色及黄色蔬果等。

为什么要这样吃？

①蛋白质摄取不足会造成代谢不完全，易引起孕妈妈全身性水肿。

②女性怀孕时缺乏叶酸，容易成为巨幼细胞性贫血的高危人群，也可能导致孕妈妈早产或胎儿体重过轻的情况。

③B族维生素不仅可以预防孕妈妈贫血，还能维持其皮肤、指甲、头发的健康。

④女性怀孕期间，牙齿防御能力降低，补充维生素D、维生素E可以预防蛀牙，同时增加皮肤弹性，并延缓皮肤老化。

⑤为避免胎儿在生长的过程中头发、指甲、皮肤、牙齿的发育受到影响，孕妈妈不能忽略对镁、碘、硒等矿物质的摄取。

🛏 中医调理原则

❶怀孕中期，孕妈妈在饮食方面要注意多样化，且营养均衡，但是不能吃太饱，要多吃蔬菜和水果，以利通便。

❷这一阶段，孕妈妈容易上火、便秘，可以多吃清热养血的食品，如菊花茶、新鲜果汁，以及富含铁质与高钙的食物。不明来源的中药、不合格的中药、未确认用量及用法的中药，均应避免食用。

❸素食孕妈妈或不喜欢吃肉的孕妈妈，在饮食的选择上较少，更要注意摄取食物需多样化，以提供给胎儿足够的营养。

❹吃全素的孕妈妈应特别注意摄取富含维生素B_{12}的食材，或额外服用维生素B_{12}补充剂。

☺ 孕期特征

❶这一阶段，胎儿的器官持续发育，脸部特征也较为明显，胎儿的体重在此阶段快速增加。

❷孕妈妈方面，由于子宫日渐增大造成压迫，会引起腰酸背痛、静脉曲张等症状，有时大腿也会有酸痛、抽筋的感觉。

🍎 食疗目的

❶保证胎儿正常发育（骨骼发育），并预防孕妈妈出现贫血现象。

❷预防胎儿发育不良，以免胎儿体重偏低、孕妈妈早产，严重时甚至会导致胎儿死亡。

❸有助于减缓孕妈妈在夜间和清晨出现手脚抽筋的症状。

👩‍⚕️ 营养师小叮咛

❶体重正常的孕妈妈在怀孕中期和后期，每天应该多摄取300千卡的热量、10克的蛋白质。

❷避免食用过于精制的食物，以免叶酸流失，也避免食用添加剂过多的加工食品，以免造成母体和胎儿的负担。

❸油脂、甜分太高的食物，只会使孕妈妈过胖、营养不均衡，应尽量避免食用。

❹每日至少喝8杯水（不含牛奶、优酪乳等饮料的量），足够的水分能让孕妈妈排便顺畅。如果孕妈妈水肿严重，或有妊娠高血压、子痫前症，则建议减少饮水量，以避免因无法代谢而加重病情。

❺适当运动、规律作息，可改善孕妈妈便秘的症状。

🌞 营养需求表

孕妈妈每日营养素建议摄取量（《中国居民膳食营养素参考摄入量》）

营养素	每日建议摄取量
蛋白质	［体重（kg）×（1~1.2）］g+10g
叶酸	0.4mg+0.2mg
B族维生素	（0.9~1.3mg）+0.2mg
维生素D、维生素E	0.01mg+0.005mg、12mg+2mg
镁、碘、硒	355mg、0.2mg、0.06mg

第二孕期（15~28周）营养师一周饮食建议

时间	早餐	午餐	点心	晚餐
Day 1	三文鱼饭团 p.80 莓果胡萝卜汁 p.131	杏鲍菇烩饭 p.75 培根四季豆 p.98	燕麦浓汤面包盅 p.114	米饭1/2碗 甜椒三文鱼丁 p.85
Day 2	鲭鱼燕麦粥 p.78 水果1份	米饭3/4碗 魩仔鱼煎蛋 p.84 炒嫩莜麦菜 p.99	冰糖参味燕窝 p.119	南瓜面疙瘩 p.81
Day 3	黑豆燕麦馒头 p.82 酸奶葡萄汁 p.130	养生红薯糙米饭 p.75 香菇茭白 p.104	红豆莲藕凉糕 p.122	米饭1/2碗 鲜炒墨鱼西蓝花 p.88
Day 4	燕麦瘦肉粥 p.79 水果1份	米饭3/4碗 葱爆牛肉 p.90 香菇炒油菜 p.100	葡汁蔬果沙拉 p.125	鲜虾炒河粉 p.82
Day 5	黑芝麻糯米粥 p.77 水果1份	核桃炒饭 p.76 清炒黑木耳豆芽 p.105	高纤苹果卷饼 p.125	米饭1/2碗 萝卜丝炒猪肉 p.92
Day 6	小鱼胚芽饭 p.79 水果1份	米饭3/4碗 红烧鲷鱼 p.87 香菇烩小白菜 p.102	红枣枸杞子黑豆浆 p.129	米饭1/2碗 高纤蔬菜牛奶锅 p.96
Day 7	牡蛎虱目鱼粥 p.80 水果1份	梅子鸡肉饭 p.76 蚝油芥蓝 p.100	鲜果奶酪 p.126	高纤时蔬面疙瘩 p.81

低脂低卡 + 增强免疫力

杏鲍菇烩饭

2 人份

材料：

鸡腿60克，大米200克，杏鲍菇、青豆仁各30克，胡萝卜50克，玉米粒20克，姜片10克

- 热量 876.4千卡
- 糖类 180.0克
- 蛋白质 34.7克
- 脂肪 2.0克
- 膳食纤维 5.0克

调味料：

酱油1大匙，白糖2小匙

做法：

1. 将鸡腿洗净，去骨，切块，加姜片、酱油略腌。

2. 将杏鲍菇洗净，切块；胡萝卜洗净，削皮，切丝。

3. 将大米洗净，放进电饭锅中，将酱油、白糖倒入锅中与大米搅拌均匀。

4. 将杏鲍菇块、胡萝卜丝、青豆仁、玉米粒、鸡腿肉块均匀地铺在大米上，加适量水将饭蒸熟即可。

功效解读

杏鲍菇含有丰富的麸胺酸和寡糖，并且低脂肪、低热量，不仅可增强女性孕期的免疫力，还是兼具美味与控制体重作用的好食材。

预防贫血 + 改善孕吐

养生红薯糙米饭

3 人份

材料：

糙米120克，红薯80克

做法：

1. 将红薯洗净，去皮，切小块；将糙米洗净，加水浸泡30分钟。

- 热量 525.8千卡
- 糖类 113.6克
- 蛋白质 10.3克
- 脂肪 3.4克
- 膳食纤维 5.9克

2. 将红薯块放入糙米里，加2杯水，用电饭锅蒸熟，再闷10～15分钟即可。

功效解读

糙米和红薯皆含有 B 族维生素，有助于人体的代谢平衡，可缓解疲劳感，还可改善孕吐和抽筋的症状，并具有预防贫血的作用。

第二孕期（15～28周）营养主食

75

核桃炒饭

健脑健胃＋补血安神

2人份

材料：

四季豆、胡萝卜各30克，核桃仁40克，洋葱10克，圆白菜100克，米饭1碗半，蛋清1个

- 热量 989.2千卡
- 糖类 126.1克
- 蛋白质 30.6克
- 脂肪 40.3克
- 膳食纤维 6.8克

调味料：

胡椒粉、盐各1/4小匙，酱油、白糖各1/2小匙，橄榄油1小匙

做法：

1. 将核桃仁以烤箱烤至微金黄色取出；四季豆、胡萝卜和洋葱洗净，四季豆去老筋，均切小丁；圆白菜洗净，切丝。
2. 热油锅，入蛋清翻炒，加入洋葱丁快炒。
3. 再倒入米饭、剩余调味料及其他食材，炒熟即可。

功效解读

核桃是很好的滋补食物，能健脑、健胃、养神，还能促进血液循环；搭配富含膳食纤维的胡萝卜、洋葱、圆白菜，可谓高纤营养。

梅子鸡肉饭

健脾益胃＋补中益气

2人份

材料：

米饭3碗，梅子20克，鸡肉、西芹各50克，熟白芝麻10克

- 热量 804.7千卡
- 糖类 159.7克
- 蛋白质 27.5克
- 脂肪 6.2克
- 膳食纤维 3.0克

调味料：

米酒1大匙，盐、胡椒粉各适量

做法：

1. 将梅子洗净，切碎；鸡肉洗净，切丁；西芹洗净，切片备用。
2. 将碎梅子、鸡肉丁、西芹片及调味料混匀，腌5分钟，再蒸熟。
3. 将米饭与蒸熟的梅子、鸡肉丁、西芹片拌匀，撒上熟白芝麻即可。

功效解读

大米具有健脾益胃、补中益气、养阴生津、除烦止渴等作用；其含有丰富的淀粉，是补充体力、调理脾胃的好食物。

芝麻绿豆饭

材料：

绿豆30克，西芹50克，大米40克，黑芝麻2大匙

- 热量 429.9千卡
- 糖类 56.54克
- 蛋白质 12.74克
- 脂肪 17.17克
- 膳食纤维 7.97克

做法：

1. 将绿豆洗净，泡水1小时，沥干；西芹洗净，切丁备用。
2. 把泡好的绿豆、西芹丁、大米、黑芝麻及等量的水放入电饭锅中，煮熟即可。

功效解读

黑芝麻含铁量高，并含有丰富的维生素E，可预防贫血，活化脑细胞，还有助于排便；绿豆中所含的氨基酸更是孕妈妈活力的良好来源。

黑芝麻糯米粥

材料：

黑芝麻80克，糯米100克

- 热量 831.8千卡
- 糖类 93.8克
- 蛋白质 23.5克
- 脂肪 43.1克
- 膳食纤维 8.1克

做法：

1. 将黑芝麻炒熟，研磨成粉。
2. 将糯米洗净，加水煮成粥，煮沸时转为小火，加入黑芝麻粉，煮约20分钟即可。

功效解读

黑芝麻富含亚麻油酸及膳食纤维，能促进肠道蠕动，预防便秘。此粥有助于排毒养颜，还可预防大肠癌，补充体力。

第二孕期（15~28周）营养主食

黑木耳燕麦粥

材料：

燕麦100克，胡萝卜丝55克，黑木耳丝30克，猪肉丝65克，高汤800毫升

- 热量 548.8千卡
- 糖类 72.6克
- 蛋白质 26.6克
- 脂肪 16.9克
- 膳食纤维 8.1克

调味料：

盐1/4小匙，香油1小匙

做法：

1. 将燕麦洗净捞起，取一锅，将燕麦与高汤同煮15～20分钟，煮至软透。

2. 将胡萝卜丝、黑木耳丝及猪肉丝洗净，放入锅中，再次煮滚后加盐调味，起锅前滴入香油即可。

功效解读

燕麦富含膳食纤维，能改善肠内菌群的生态环境，使有益菌增加，预防便秘；并且食用燕麦后易使人产生饱腹感，有助于孕妈妈控制体重。

鲭鱼燕麦粥

材料：

燕麦80克，鲭鱼50克，姜丝、葱花各10克

- 热量507.2千卡
- 糖类 53.2克
- 蛋白质 16.7克
- 脂肪 25.3克
- 膳食纤维 4.1克

调味料：

盐1/2小匙，胡椒粉1/4小匙

做法：

1. 将燕麦洗净，泡水20分钟；鲭鱼洗净，切块备用。

2. 汤锅中加水煮开，加入燕麦略煮。

3. 放入鲭鱼块和姜丝，以小火煮1小时，随时搅拌。

4. 待燕麦煮熟，加盐和胡椒粉调味，最后撒上葱花即可。

功效解读

鲭鱼富含 DHA、EPA，能促进胎儿发育、活化大脑；燕麦中含有非水溶性膳食纤维，具有保健肠道、排泄废物和毒素的功效。

燕麦瘦肉粥

1 人份

材料:

猪瘦肉末、燕麦片各150克，胡萝卜丝、葱段各10克，芹菜30克，姜末15克

- 热量 774.4千卡
- 糖类 101.4克
- 蛋白质 49.8克
- 脂肪 18.8克
- 膳食纤维 7.5克

调味料:

盐适量

做法:

1. 将芹菜洗净，去叶后切碎末。
2. 锅内加1000毫升水煮开后，放入燕麦片。
3. 烹煮2分钟后，再加猪瘦肉末、胡萝卜丝、葱段、姜末及芹菜末混匀。
4. 煮熟后，加盐调味即可。

功效解读

燕麦的营养价值高，燕麦中的 B 族维生素能促进胎儿发育；猪肉中维生素 B_1 的含量尤其丰富，有助于人体的新陈代谢。

小鱼胚芽饭

2 人份

材料:

鲥仔鱼、胚芽米各100克，苋菜段150克

- 热量 424.0千卡
- 糖类 76.8克
- 蛋白质 19.8克
- 脂肪 4.2克
- 膳食纤维 5.5克

调味料:

盐1/4小匙

做法:

1. 将胚芽米洗净，泡一晚；将其他材料洗净备用。
2. 锅里加水，先以小火煮开，再加入胚芽米滚煮至熟。
3. 将鲥仔鱼放入粥中，略煮至熟，再加盐及苋菜段稍煮即可。

功效解读

苋菜、鲥仔鱼皆富含钙质，有助于增加骨质密度；苋菜富含膳食纤维，可减少肠道对脂肪的吸收，减少人体对热量的摄取。

牡蛎虱目鱼粥

材料：

虱目鱼、大米各100克，牡蛎肉150克，高汤350毫升，红薯粉80克，芹菜末30克，香菜段15克

- 热量 997.1千卡
- 糖类 156.2克
- 蛋白质 46.8克
- 脂肪 20.6克
- 膳食纤维 1.6克

调味料：

盐1/4小匙，胡椒粉、香油各1小匙

做法：

1. 将牡蛎肉洗净，沥干，蘸裹红薯粉，放入开水中汆烫捞起；虱目鱼去刺洗净，切小块。

2. 大米洗净，加高汤，煮开后以小火煮10分钟。

3. 将虱目鱼块、牡蛎肉放入锅中，以大火煮开后，加盐调味，起锅前放入芹菜末、香菜段拌匀，撒上胡椒粉、香油即可。

功效解读

　　虱目鱼是游离氨基酸和核苷酸含量高的鱼种，其肉富含蛋白质、多元不饱和脂肪酸，可预防血栓形成，促进胎儿脑部发育。

三文鱼饭团

材料：

三文鱼80克，洋葱碎20克，西芹碎30克，寿司海苔1/2张，胚芽米饭1.5碗

- 热量 563.9千卡
- 糖类 80.5克
- 蛋白质 24.9克
- 脂肪 15.8克
- 膳食纤维 2.8克

调味料：

寿司醋1大匙，柴鱼粉1/4小匙

做法：

1. 将寿司海苔切成粗条。

2. 把三文鱼洗净，用水煮熟，沥干捣碎。

3. 将胚芽米饭、洋葱碎、西芹碎、三文鱼碎和调味料拌匀。

4. 把做法❸的材料用手捏出形状后，外层贴上寿司海苔即可。

功效解读

　　三文鱼含有人体所需的多元不饱和脂肪酸——DHA、EPA，对胎儿脑细胞的发育有帮助；胚芽米中所含的维生素 E 具有抗氧化、清理胃肠、促进代谢的功效。

南瓜面疙瘩

材料：

低筋面粉70克，南瓜180克，蛋黄1个，奶酪粉15克，香菇丝、猪肉丝、胡萝卜丝、圆白菜片各10克

- 热量 725.3千卡
- 糖类 84.3克
- 蛋白质 26.7克
- 脂肪 31.3克
- 膳食纤维 6.1克

调味料：

盐、胡椒粉、橄榄油、葱段各适量

做法：

❶ 将南瓜洗净，去皮、瓤，蒸熟后捣成泥，加低筋面粉、蛋黄、奶酪粉和盐，揉成面团。

❷ 加水烧热，用筷子将面团一片片地拨入滚水中，煮到浮起，捞出备用。

❸ 热油锅，爆香香菇丝、胡萝卜丝、猪肉丝，加圆白菜片和面疙瘩翻炒，撒入胡椒粉和盐炒匀，最后放上葱段点缀即可。

功效解读

南瓜富含维生素A、B族维生素、蛋白质，能增强孕妈妈的免疫力，并能促进胎儿骨骼发育；南瓜所含的膳食纤维可使排便顺畅。

高纤时蔬面疙瘩

材料：

丝瓜、面粉各150克，红辣椒、圆白菜、圆生菜各30克

- 热量 585.5千卡
- 糖类 127.1克
- 蛋白质 14.0克
- 脂肪 2.3克
- 膳食纤维 6.5克

调味料：

盐1小匙

做法：

❶ 将除面粉外的材料洗净。圆生菜撕成片状；丝瓜去皮，和红辣椒均切块，入水氽烫后捞出沥干。

❷ 将圆白菜切碎，加面粉和水调成面团，捏成块状，放入开水中煮成面疙瘩，捞起后泡水，再沥干。

❸ 汤锅加水煮开，放入所有材料煮熟，加盐调味即可。

功效解读

丝瓜可利尿通便、止咳化痰，搭配有加速血液循环作用的红辣椒一起食用，有助于增强体力，并能促进新陈代谢。

鲜虾炒河粉

材料：

白虾100克，河粉200克，绿豆芽150克，韭菜段30克，鸡蛋1个

● 热量 437.2千卡
● 糖类 28.9克
● 蛋白质 29.4克
● 脂肪 22.6克
● 膳食纤维 8.8克

调味料：

花生粉、柠檬汁、白糖、鱼露各1小匙，橄榄油2小匙

做法：

1 将河粉切粗条；鸡蛋打成蛋液；白虾洗净，去壳及肠泥，入滚水氽烫后捞起备用。

2 热油锅，将蛋液炒香，放入河粉条、白虾、绿豆芽、韭菜段翻炒，加入剩余调味料炒匀即可。

功效解读

　　白虾营养价值高，其含有丰富的蛋白质、维生素和多种微量元素，且水分多，有利水和滋肾的功效。

黑豆燕麦馒头

材料：

熟黑豆10克，熟燕麦30克，低筋面粉100克

● 热量 608.0千卡
● 糖类 124.8克
● 蛋白质 15.0克
● 脂肪 5.5克
● 膳食纤维 6.5克

调味料：

白糖1.5大匙，酵母、泡打粉各1小匙

做法：

1 将所有材料和调味料混合，加50毫升水，揉成光滑的面团。

2 冬天约发酵10分钟；夏天气温较高，揉搓时已开始发酵，动作宜快，只需发酵5分钟。

3 将面团搓成长条，切段，放上铺有蒸笼纸的蒸盘。

4 发酵20分钟，放入蒸笼，用大火蒸8分钟。

功效解读

　　燕麦与黑豆均富含膳食纤维，可促进肠道蠕动，改善女性怀孕期间的便秘症状，也能提供足够的热量，使孕妈妈保持充足的体力。

帮助胎儿发育 + 缓解疲劳

干果炒小鱼干

③ 人份

材料：

南瓜子、小鱼干各100克，
腰果250克，葡萄干50克

- 热量 2953.0千卡
- 糖类 126.0克
- 蛋白质 144.4克
- 脂肪 208.0克
- 膳食纤维 41.7克

调味料：

盐、胡椒粉各1/4小匙，橄榄油1大匙

做法：

1. 将腰果、南瓜子、葡萄干、小鱼干洗净备用。
2. 热油锅，放入小鱼干、腰果、南瓜子翻炒，加入葡萄干，加盐及胡椒粉调味即可。

功效解读

南瓜子含有大量锌，可促进脑下垂体分泌生长激素，促进胎儿身高和体重的生长；葡萄干富含铁质，能有效缓解疲劳。

补充钙质 + 促进胎儿发育

小鱼干炒百叶

② 人份

材料：

小鱼干、红辣椒段各10克，
百叶豆腐条150克，豆干片
50克

- 热量 518.5千卡
- 糖类 10.7克
- 蛋白质 32.2克
- 脂肪 38.6克
- 膳食纤维 2.1克

调味料：

a 橄榄油1小匙
b 蚝油1/4小匙，豆豉1小匙，香油适量

做法：

1. 将小鱼干洗净，泡水备用。
2. 热油锅，加入红辣椒段及小鱼干炒香。
3. 放入百叶豆腐条、豆干片炒香，续入小鱼干和调味料 b 略炒。
4. 加水烧煮至入味即可。

功效解读

此菜中含有丰富的植物性蛋白质和钙质，可以为孕妈妈提供孕中期所需的营养素，促进胎儿组织器官的形成。

第二孕期（15~28周）元气料理

鲚仔鱼煎蛋

1 人份

材料：
鸡蛋2个，鲚仔鱼50克

- 热量 366.7千卡
- 糖类 0.4克
- 蛋白质 18.9克
- 脂肪 32.2克
- 膳食纤维 0.4克

调味料：
盐1/4小匙，橄榄油1大匙，
葱花适量

做法：

① 将鲚仔鱼洗净，沥干备用。

② 将鸡蛋打散，加入盐、鲚仔鱼拌匀。

③ 热油锅，倒入加了盐和鲚仔鱼的蛋液，煎
成蛋皮状，再将蛋皮卷成蛋卷状，微煎至
金黄色即可。

功效解读

　　鲚仔鱼中钙质丰富。钙是维持骨骼健康的
重要营养素，可稳定神经，促进胎儿骨骼和牙
齿的发育，建议怀孕期间适量补充。

紫菜蒸蛋

2 人份

材料：
鸡蛋2个，紫菜3.5克，姜1
片，葱1根，高汤1杯

- 热量 263.8千卡
- 糖类 16.9克
- 蛋白质 15.5克
- 脂肪 14.9克
- 膳食纤维 0.8克

调味料：
橄榄油、淀粉各1小匙，盐1/2小匙，蚝油2大匙

做法：

① 将紫菜洗净，用水泡软后切丝；姜、葱洗
净，切末；鸡蛋打散。

② 将盐和高汤加蛋液调匀，移入蒸锅以小火
蒸熟。

③ 热油锅，爆香姜末、葱末，放入紫菜丝，再
加入蚝油拌匀，以水淀粉勾芡，淋在蒸蛋上
略蒸即可。

功效解读

　　紫菜含有甘露醇，可有效缓解孕妈妈的
水肿现象；紫菜所含的多糖具有增强细胞免
疫和体液免疫的功能，可促进淋巴细胞转
化，增强孕妈妈的免疫力。

甜椒三文鱼丁
2人份

材料：

三文鱼、小黄瓜各100克，红辣椒、黄辣椒各10克，鸡蛋1个，姜1块，蒜3瓣

- 热量 336.4千卡
- 糖类 8.8克
- 蛋白质 27.2克
- 脂肪 21.4克
- 膳食纤维 1.3克

调味料：

盐、淀粉各适量，白糖1小匙

做法：

1. 将三文鱼、红辣椒、黄辣椒、小黄瓜洗净，切丁；蒜剥皮、姜洗净，切末。
2. 三文鱼丁加入盐、白糖及蛋清腌渍约10分钟，再用小火煎至8分熟后起锅备用。
3. 将蒜末、姜末、红辣椒丁、黄辣椒丁、小黄瓜丁入锅，以水淀粉勾芡，最后放入三文鱼丁翻炒均匀即可。

功效解读

三文鱼中富含 DHA，能促进胎儿脑部与眼部的发育；其所含的精氨酸可增强免疫力；其所含的虾红素抗氧化力强，还具有补充钙质的作用。

香料烤三文鱼
2人份

材料：

三文鱼200克，胡萝卜片、小黄瓜片各100克，姜末10克，香菜段20克

- 热量 550.8千卡
- 糖类 10.3克
- 蛋白质 41.9克
- 脂肪 38.0克
- 膳食纤维 3.5克

调味料：

橄榄油1小匙，黑胡椒粉、低钠盐各1/4小匙，柠檬汁1小匙

做法：

1. 将三文鱼与所有调味料拌匀，腌20分钟。
2. 将胡萝卜片、小黄瓜片和香菜段铺在烤盘上，放上三文鱼并撒上姜末。
3. 用烤箱以180℃的温度将烤盘上的三文鱼烤熟即可。

功效解读

三文鱼含有维生素 A、维生素 B_1、维生素 B_6、维生素 D、丰富的蛋白质，以及多元不饱和脂肪酸，可使孕妈妈保持足够的体力，还可保障胎儿健康发育。

西红柿鳕鱼

材料：
鳕鱼200克，洋葱丁50克，
西红柿100克

调味料：
橄榄油、番茄酱各1大匙，白糖、盐各1小
匙，水淀粉适量

做法：

❶ 将西红柿洗净，切丁备用。

❷ 热油锅，转小火下鳕鱼煎3分钟，捞出沥
干油分。

❸ 将鳕鱼和西红柿丁、洋葱丁、番茄酱一起
入锅，加入白糖、盐调味，再以水淀粉勾
芡即可。

| ● 热量 708.6千卡 |
| ● 糖类 26.6克 |
| ● 蛋白质 38.1克 |
| ● 脂肪 50.0克 |
| ● 膳食纤维 4.7克 |

功效解读

鳕鱼含有人类大脑和视觉神经发育所必
需的不饱和脂肪酸，且热量低，具有预防贫
血、预防感冒、美容养颜等功效。

鳕鱼土豆球

材料：
鳕鱼200克，土豆150克，
面粉、面包粉各适量，鸡蛋
1~2个

调味料：
料酒1/2大匙，盐适量，胡椒粉1/6小匙，食
用油适量

做法：

❶ 将鳕鱼洗净，用热水略烫，去骨备用；鸡蛋
打成蛋液；土豆洗净，煮熟后去皮压成泥，
加入去骨后的鳕鱼，放入所有调味料拌匀。

❷ 将做法❶的材料分成小块，揉搓成椭圆形。

❸ 将搓好的球蘸上面粉，续蘸上蛋液，最后
再蘸面包粉，炸熟，沥干油分即可。

| ● 热量 644.8千卡 |
| ● 糖类 38.1克 |
| ● 蛋白质 48.6克 |
| ● 脂肪 33.2克 |
| ● 膳食纤维 2.3克 |

功效解读

鳕鱼低脂肪、高蛋白、刺少，是优质的
蛋白质来源，且具有补血、保持肌肤润泽、
缓解疲劳、强健骨骼等功效。

红烧鲷鱼

1
人份

材料：
鲷鱼200克，葱1根，姜10
克，红辣椒1/2个

- 热量 315.5干卡
- 糖类 12.6克
- 蛋白质 38.4克
- 脂肪 12.4克
- 膳食纤维 0.9克

调味料：
酱油2大匙，白糖1小匙，橄榄油适量

做法：

❶ 将鲷鱼洗净备用；姜去皮，切丝；葱洗净，切段；红辣椒洗净，切片备用。

❷ 热油锅，爆香葱段、姜丝，放入鲷鱼，将两面煎熟，再加入酱油、白糖、红辣椒片煮熟即可。

功效解读

鲷鱼含有多元不饱和脂肪酸——DHA，是胎儿脑部及眼睛正常发育所必需的营养素；鲷鱼中丰富的蛋白质有助于增强体力和记忆力。

蒜香烤金枪鱼

2
人份

材料：
胡萝卜70克，蒜15克，带皮金枪鱼150克，海苔粉适量

- 热量 148.8干卡
- 糖类 0.35克
- 蛋白质 35.7克
- 脂肪 0.5克
- 膳食纤维 1.9克

调味料：
盐、胡椒粉各适量

做法：

❶ 将带皮金枪鱼洗净，去骨切小块；胡萝卜洗净，切片；蒜剥皮，切碎备用。

❷ 在烤盘上铺上胡萝卜片，放上带皮金枪鱼块，撒上蒜末、盐和胡椒粉。

❸ 预热烤箱至250℃，将烤盘放入烤箱烤10分钟，取出后撒上海苔粉即可。

功效解读

金枪鱼中的DHA含量高，对胎儿大脑皮层和视网膜发育有益处；金枪鱼中的维生素A、维生素B$_6$和维生素E，对于保健肌肤、增强免疫力有很好的功效。

第二孕期（15~28周）元气料理

鲜炒墨鱼西蓝花

材料：
菜花、胡萝卜各50克，西蓝花150克，虾米10克，墨鱼（中卷）1尾

2 人份

- 热量 535.9千卡
- 糖类 16.2克
- 蛋白质 46.4克
- 脂肪 31.7克
- 膳食纤维 6.5克

调味料：
盐1/4小匙，橄榄油1大匙

做法：
1. 将西蓝花、菜花洗净，切小朵，以开水汆烫，捞出备用；墨鱼洗净，切块；胡萝卜洗净，切条。
2. 热油锅，爆香虾米，放入西蓝花、菜花、胡萝卜条略炒，加盐调味，加入墨鱼块翻炒即可。

功效解读

西蓝花含有大量叶黄素，是保护视力的重要抗氧化物；西蓝花中丰富的叶酸、膳食纤维、维生素C能预防感冒，促进胎儿发育。

奶油蒜煎干贝

材料：
鲜干贝6个，奶油30克，蒜末20克，芥菜10克，姜末、葱花各5克

1 人份

- 热量 515.0千卡
- 糖类 13.0克
- 蛋白质 47.0克
- 脂肪 30.6克
- 膳食纤维0.3克

调味料：
米酒1大匙，盐1/4小匙，黑胡椒粉、橄榄油各1小匙

做法：
1. 用奶油将鲜干贝两面各煎1分钟，呈金黄色后盛起备用；芥菜洗净，切段。
2. 热油锅，将蒜末、姜末、葱花炒香，加米酒煮滚，放入干贝、芥菜段翻炒，加盐、黑胡椒粉调味即可。

功效解读

干贝中的蛋白质含量丰富，蛋白质是胎儿细胞增殖和器官发育的必需营养素；干贝中的磷可以促进钙质吸收，有助于胎儿的骨骼发育。

菠菜炒猪肝

材料:

猪肝300克,菠菜150克,
枸杞子20克,蒜末适量,
姜片适量

- 热量 1004.7千卡
- 糖类 35.1克
- 蛋白质 70.7克
- 脂肪 64.6克
- 膳食纤维 6.5克

调味料:

淀粉、白糖、香油各1小匙,橄榄油1大匙,
盐1/4小匙

做法:

① 将猪肝洗净,切片;菠菜洗净,切段。

② 将猪肝片加香油、淀粉、盐及白糖略腌。

③ 热油锅,放入猪肝片,中火快炒捞出沥干。

④ 留下少许油,其余倒出,以中火炒香菠菜
段、蒜末、姜片、枸杞子,加盐调味,再
加入猪肝片快炒,滴入香油,盛出即可。

功效解读

　　菠菜富含叶酸,可预防新生儿先天性缺
陷。这道菜中铁含量丰富,经常食用具有补
血的功效,可预防孕妈妈贫血。

黑豆炖猪蹄

材料:

黑豆、猪蹄各300克

- 热量 1842.0千卡
- 糖类 116.1克
- 蛋白质 168.9克
- 脂肪 78.0克
- 膳食纤维 54.6克

调味料:

盐1/4小匙,米酒2小匙

做法:

① 将黑豆洗净,加水浸泡约8小时备用。

② 将猪蹄洗净,剁块,以开水汆烫后,捞出
备用。

③ 将黑豆及浸泡的黑豆汁、猪蹄块放入砂锅
中,煮至熟烂,起锅前加入米酒及盐调味
即可。

功效解读

　　黑豆富含维生素 A、B 族维生素、维生
素 C 和植物性蛋白,孕妈妈多吃可补充蛋白
质;猪蹄富含维生素 B_6、胶质、钙,具有
补钙、美容的功效。

第二孕期(15~28 周)元气料理

89

葱爆牛肉

2 人份

材料：

牛肉220克，葱5根，红辣椒段10克

- ● 热量 791.7千卡
- ● 糖类 14.6克
- ● 蛋白质 46.1克
- ● 脂肪 61.0克
- ● 膳食纤维 1.3克

调味料：

料酒、酱油各1大匙，白糖、淀粉、盐各1小匙，橄榄油3大匙

做法：

1. 牛肉洗净，切丝，加入料酒、酱油、白糖、淀粉拌匀，腌10分钟；葱洗净，切段。

2. 热锅，加橄榄油2大匙，放入牛肉丝爆炒至8分熟盛出。

3. 加1大匙橄榄油，快炒葱段和红辣椒段，续入炒过的牛肉丝翻炒均匀，加盐调味即可。

功效解读

牛肉富含铁、蛋白质、锌等营养素。其中的锌是胎儿发育不可缺少的营养成分；其中的蛋白质、铁质有补血作用，可预防贫血。

牛肉芝麻卷饼

6 人份

材料：

卤牛腱600克，蒜苗6根，黄豆芽、胡萝卜丝各180克，葱油饼皮6张

- ● 热量 936.0千卡
- ● 糖类 31.0克
- ● 蛋白质 144.0克
- ● 脂肪 26.8克
- ● 膳食纤维 12.6克

调味料：

盐、香油、熟白芝麻各6小匙，白胡椒粉1小匙

做法：

1. 将卤牛腱切薄片；将蒜苗洗净，切斜段；将葱油饼皮煎熟。

2. 将黄豆芽、胡萝卜丝汆烫沥干，加入调味料拌匀。

3. 取一张葱油饼皮铺平，放上做法1和做法2的所有材料，卷起即可。

功效解读

牛肉含有丰富的钙、铁、磷等营养成分，极易被人体吸收；牛肉中丰富的 B 族维生素可增强免疫力，缓解疲劳。

酱烧蒜味里脊

材料：

蒜2瓣，猪里脊肉300克，葱1根

- 热量 535.1千卡
- 糖类 16.0克
- 蛋白质 63.7克
- 脂肪 24.1克
- 膳食纤维 1.0克

调味料：

橄榄油、豆瓣酱、白胡椒粉各1大匙，米酒、白醋各1小匙

做法：

1. 将猪里脊肉、葱洗净，切丝；将蒜剥皮，切末。

2. 热油锅，爆香蒜末，加入猪里脊肉丝，翻炒到肉丝8分熟。

3. 加入豆瓣酱、米酒、白醋，炒到猪里脊肉丝熟后，撒上白胡椒粉，盛盘，加些葱丝点缀即可。

功效解读

　　猪肉富含 B 族维生素，有助于恢复体力、缓解疲劳，并能提供孕妈妈代谢所需的营养，维持神经系统的功能。

沙茶羊肉

材料：

羊肉片150克，苋菜200克，蒜末适量，红辣椒1个

- 热量 777.9千卡
- 糖类 8.8克
- 蛋白质 32.6克
- 脂肪 68.1克
- 膳食纤维 4.1克

调味料：

沙茶酱、橄榄油各2大匙，盐1/4小匙

做法：

1. 将苋菜洗净，切段；红辣椒洗净，切段。

2. 热油锅，爆香蒜末、红辣椒段，加入羊肉片炒至半熟。

3. 续入沙茶酱、盐炒香，放入苋菜段翻炒至熟即可盛出。

功效解读

　　羊肉富含 B 族维生素，能促进糖类、蛋白质、脂肪的新陈代谢，增强孕妈妈的体力；苋菜含有膳食纤维，可帮助消化，还可改善便秘。

第二孕期（15~28 周）元气料理

黄豆炖猪肉

（3 人份）

材料：
黄豆80克，猪里脊肉200克，洋葱半个，西红柿1个，高汤200毫升

● 热量 910.2千卡
● 糖类 45.6克
● 蛋白质 74.3克
● 脂肪 47.8克
● 膳食纤维 14.4克

调味料：
酱油、橄榄油、米酒各1大匙，白糖1小匙

做法：

1. 将黄豆洗净，浸泡8小时；洋葱洗净，切丝；猪肉、西红柿洗净，切小块备用。
2. 热油锅，炒香洋葱丝、西红柿块，续入猪肉块、米酒炒香。
3. 放入黄豆、酱油、白糖、高汤煮开后，转小火炖煮至黄豆和猪肉块熟软即可。

功效解读

黄豆中蛋白质的含量丰富，丰富的蛋白质是胎儿在细胞增生和器官发育时期的重要营养来源。

萝卜丝炒猪肉

（2 人份）

材料：
白萝卜120克，猪瘦肉50克，新鲜黑木耳20克，蒜苗1根

● 热量 155.6千卡
● 糖类 11.8克
● 蛋白质 11.6克
● 脂肪 6.9克
● 膳食纤维 2.9克

调味料：
橄榄油、酱油、米酒各1小匙，盐1/2小匙

做法：

1. 将白萝卜、黑木耳、猪瘦肉洗净，切丝，并将猪瘦肉丝用酱油和米酒腌约15分钟。
2. 将蒜苗洗净，切斜片，并将蒜苗白和蒜苗绿分开。
3. 热油锅，爆香蒜苗白片，加入白萝卜丝、黑木耳丝和蒜苗绿片炒软，再放入猪瘦肉丝、盐，翻炒至猪瘦肉熟透即可。

功效解读

白萝卜中维生素 C 的含量丰富，可防止细胞因氧化遭受破坏，并改善腹部胀气；白萝卜搭配猪瘦肉食用，能让营养更加均衡。

奶酪焗烤鸡腿

2 人份

材料：

鸡腿2只，奶酪丝30克，蘑菇浓汤罐头1罐，土豆100克

- 热量 694.1千卡
- 糖类 45.1克
- 蛋白质 58.4克
- 脂肪 31.1克
- 膳食纤维 1.5克

调味料：

盐1/4小匙，胡椒粉1小匙

做法：

1. 将土豆洗净，去皮，切片放入盘中，用蒸锅蒸熟后压成泥。
2. 鸡腿皮朝下煎上色后，再将双面煎熟，加调味料调味。
3. 鸡腿铺在土豆泥上，倒入蘑菇浓汤罐头，再铺上奶酪丝，入烤箱以220℃烤至奶酪溶化即可。

功效解读

奶酪有"白肉"之称，是蛋白质、钙质的重要来源之一，同时富含多种矿物质和维生素，可提供怀孕时期所需的营养。

姜汁焦糖鸡翅

4 人份

材料：

鸡翅8个，蒜末适量，姜3片，水130毫升

- 热量 1644.6千卡
- 糖类 30.4克
- 蛋白质 119.3克
- 脂肪 116.2克
- 膳食纤维 0.0克

调味料：

酱油、姜汁黑糖各3大匙，盐1/4小匙，食用油1大匙

做法：

1. 姜汁黑糖加水搅拌至溶化。
2. 锅中倒入食用油，以大火爆香蒜末、姜片，加入酱油、鸡翅翻炒。
3. 续入姜汁黑糖水、盐，转小火焖15分钟即可。

功效解读

鸡翅含有的胶原蛋白、蛋白质可保持肌肤弹性、强健骨骼，使头发光亮；鸡翅还富含维生素 B_2、维生素 B_{12}、钙、磷、铁等营养素，可补充孕妈妈所需的营养。

第二孕期（15～28周）元气料理

菠萝甜椒鸡

2人份

材料:
菠萝片、红辣椒片各50克,鸡肉片200克,葱1根

● 热量 537.6千卡
● 糖类 8.6克
● 蛋白质 48.5克
● 脂肪 34.4克
● 膳食纤维 1.8克

调味料:
盐1/4小匙,米酒、淀粉各1小匙,酱油2大匙,橄榄油3大匙,胡椒粉适量

做法:

❶ 将鸡肉片洗净,用酱油、胡椒粉、米酒、淀粉拌匀略腌;葱洗净,切段。

❷ 热油锅,将鸡肉片过油沥干。

❸ 炒锅留下少许油,爆香葱段,放入鸡肉片、菠萝片、红辣椒片翻炒,再加盐调味即可。

黑豆鸡汤

3人份

材料:
鸡腿肉300克,黑豆60克,姜片适量

● 热量 475.2千卡
● 糖类 22.6克
● 蛋白质 78.3克
● 脂肪 8.0克
● 膳食纤维 10.9克

调味料:
盐1/2小匙

做法:

❶ 将黑豆洗净,泡水,捞出沥干,放入锅中以小火干炒至熟。

❷ 鸡腿肉洗净,切块,汆烫后捞出备用。

❸ 锅中加水烧开,放入所有材料,大火煮开后转小火续煮30分钟,加盐调味即可。

功效解读

　　菠萝含有丰富的维生素 B$_1$,可缓解疲劳,增进食欲;其所含维生素 C 能促进铁的吸收,而膳食纤维有助于孕妈妈排便顺畅。

功效解读

　　黑豆含有丰富的不饱和脂肪酸和皂苷,可有效降低血脂与胆固醇;鸡肉为高蛋白、低脂食物,能改善孕期营养不足的问题。

甜椒三杯鸡

材料:
鸡肉块300克,红辣椒片80克,姜片适量,罗勒叶10克,蒜3瓣

- 热量 434.0千卡
- 糖类 20.9克
- 蛋白质 72.7克
- 脂肪 6.6克
- 膳食纤维 3.5克

调味料:
香油、酱油、料酒各8大匙,白糖1大匙

做法:

1. 蒜剥皮,切片。锅中加入香油烧热,大火爆香姜片、蒜片,待姜片微黄时放入鸡肉块,翻炒至变色,续入红辣椒片后翻炒。

2. 加入酱油、料酒、白糖,烧至汤汁快收干时熄火,拌入罗勒叶即可。

功效解读

鸡肉能增强免疫力,在改善心脑血管功能、促进胎儿智力发育等方面极具功效;甜椒属于黄绿色蔬菜,具有活化胎儿细胞组织的作用。

腰果炒鸡丁

材料:
腰果100克,鸡丁150克,洋葱片50克,蒜末10克,姜片、干辣椒段各适量,葱段40克

- 热量 1488.5千卡
- 糖类 52.3克
- 蛋白质 62.5克
- 脂肪 114.4克
- 膳食纤维 21.7克

调味料:
盐1/4小匙,香油、淀粉、橄榄油各1大匙

做法:

1. 将鸡丁加入淀粉、香油抓匀略腌。

2. 热油锅,放入腌过的鸡丁,炒至半熟即盛起备用。

3. 续入蒜末、姜片、葱段、干辣椒段爆香后,依序放入腰果、洋葱片、鸡丁,再加盐调味,炒熟即可。

功效解读

腰果含有维生素 B_1,有助于平衡代谢、补充体力、缓解疲劳;鸡胸肉的脂肪含量低,且为不饱和脂肪酸,非常适合孕妈妈食用。

第二孕期(15~28 周)元气料理

高纤蔬菜牛奶锅

材料：

胡萝卜块、白萝卜块、莲藕块、洋葱片各50克，低脂牛奶240毫升，柠檬1片

- 热量 279.1千卡
- 糖类 39.2克
- 蛋白质 16.3克
- 脂肪 6.4克
- 膳食纤维 4.1克

调味料：

盐1/6小匙

做法：

❶ 取一锅，放入胡萝卜块、洋葱片略炒后，加240毫升水煮开。

❷ 续入莲藕块、白萝卜块和盐，熬煮5分钟。

❸ 加入低脂牛奶略煮，盛出后加柠檬片点缀即可。

功效解读

牛奶高钙、高钾，含有蛋白质和维生素 A、维生素 B$_2$、维生素 D，营养丰富，有调节紧张情绪和镇定情绪的作用，是女性孕期饮食的最佳选择之一。

韭菜炒鸭血

材料：

韭菜80克，鸭血100克，蒜、酸菜各10克

- 热量 193.2千卡
- 糖类 6.4克
- 蛋白质 6.0克
- 脂肪 16.0克
- 膳食纤维 1.9克

调味料：

盐1/4小匙，橄榄油1大匙

做法：

❶ 将所有材料洗净。韭菜切段；蒜剥皮，切末；鸭血切块；酸菜切丝备用。

❷ 鸭血块放入开水中汆烫捞出。

❸ 热油锅，爆香蒜末、酸菜丝，加入鸭血块、韭菜段快炒，以盐调味即可。

功效解读

鸭血富含铁质和蛋白质，有助于造血补血；韭菜富含膳食纤维，可促进胃肠蠕动，其还含有挥发性精油和含硫化合物，能增进孕妈妈食欲。

西红柿炒蛋

材料:

西红柿350克,鸡蛋3个,蒜3瓣,葱10克

- 热量 712.1千卡
- 糖类 55.8克
- 蛋白质 25.3克
- 脂肪 43.1克
- 膳食纤维 5.0克

调味料:

番茄酱3大匙,白糖、橄榄油各1大匙,盐1/4小匙

做法:

1. 将西红柿洗净,切块;蒜剥皮,切片;鸡蛋打成蛋液;葱洗净,切葱花备用。

2. 热油锅,加入蛋液炒至半熟后捞起沥油。

3. 炒锅留下少许油,爆香蒜片后,加入西红柿块、鸡蛋略炒,再加入番茄酱、白糖、盐翻炒,略微收汁后撒上葱花即可。

功效解读

西红柿中的茄红素是一种抗氧化剂,有助于延缓衰老;其所含的类胡萝卜素、叶酸可增强血管功能,有助于胎儿神经系统的发育。

菠菜炒蛋

材料:

鸡蛋、西红柿各1个,菠菜200克,姜10克

- 热量 323.5千卡
- 糖类 9.8克
- 蛋白质 11.5克
- 脂肪 26.5克
- 膳食纤维 5.5克

调味料:

盐1/4小匙,食用油1大匙

做法:

1. 将菠菜洗净,切段;西红柿洗净,切块;姜洗净,切丝;鸡蛋打散备用。

2. 锅中加入食用油,爆香姜丝,将蛋液炒开,加入菠菜段、西红柿块快炒,加盐调味即可。

功效解读

菠菜富含膳食纤维,可帮助排便、改善贫血和抽筋的症状;其所含的叶酸能预防贫血,β-胡萝卜素具有延缓细胞老化与保护视力的功效。

第二孕期(15~28周)元气料理

活化胎儿脑细胞 + 增强抵抗力

豌豆苗蔬菜卷

材料：
春卷皮2片，豌豆苗150克，胡萝卜100克，芦笋2根，苜蓿芽20克，玉米笋4根

- 热量 260.5千卡
- 糖类 36.0克
- 蛋白质 10.1克
- 脂肪 8.5克
- 膳食纤维 8.4克

调味料：
食用油、蛋黄酱各适量

做法：

❶ 胡萝卜、玉米笋、芦笋均洗净，切丝烫熟；豌豆苗、苜蓿芽洗净；春饼煎软备用。

❷ 将豌豆苗、苜蓿芽铺在煎软的春卷皮上，加入做法❶的材料，挤上蛋黄酱后卷起，再次煎香切块即可。

功效解读

这道菜含有丰富的维生素 C，可维持胎儿神经系统和脑细胞的健康，并能促进铁质的吸收，增强孕妈妈身体抵抗力。

增进食欲 + 健脾益胃

培根四季豆

材料：
玉米笋、香菇片各20克，蒜末5克，猪肉丝、培根片、四季豆段各50克

- 热量 295.4千卡
- 糖类 20.0克
- 蛋白质 19.9克
- 脂肪 15.1克
- 膳食纤维 2.7克

调味料：
米酒、白糖、胡椒粉各1小匙，盐1/4小匙，橄榄油适量

做法：

❶ 将所有材料洗净。玉米笋切斜条，与四季豆段氽烫至熟捞出沥干。

❷ 猪肉丝加米酒、白糖、胡椒粉，略腌渍5分钟。

❸ 热油锅，爆香蒜末、香菇片，加入培根片、猪肉丝炒熟，续入四季豆段、玉米笋条翻炒，加盐调味即可。

功效解读

四季豆热量低，含有丰富的蛋白质、B族维生素和多种氨基酸、膳食纤维，常食用可健脾益胃，增进孕妈妈食欲。

炒嫩莜麦菜

1
人份

材料：
嫩莜麦菜200克，樱花虾
50克

调味料：
盐1/4小匙，橄榄油1大匙

- 热量 284.5千卡
- 糖类 3.8克
- 蛋白质 29.8克
- 脂肪 16.7克
- 膳食纤维 1.6克

做法：

1 将嫩莜麦菜、樱花虾洗净备用。

2 热油锅，爆香樱花虾后，放入嫩莜麦菜，以盐调味，快炒后盛出即可。

果醋胡萝卜丝

2
人份

材料：
胡萝卜4根

调味料：
苹果醋1杯

- 热量 200.5千卡
- 糖类 39.0克
- 蛋白质 5.5克
- 脂肪 2.5克
- 膳食纤维 13.0克

做法：

1 将胡萝卜洗净，去皮刨成细丝，沥干水分，放入密闭容器。

2 在容器中倒入1杯冷开水和苹果醋。

3 将容器盖紧，放置在阴凉处2天即可。

功效解读

莜麦菜含有维生素 B₁、维生素 B₂、维生素 C、胡萝卜素、烟酸、铁、钙、磷等营养素，具有通乳汁、利于胎儿发育、消水肿等功效，适合孕妈妈食用。

功效解读

胡萝卜含有丰富的维生素 A，可促进胎儿生长，防治呼吸道感染，保护视力；苹果醋可改善体质，维持孕妈妈身体健康。

第二孕期（15~28 周）高纤蔬食

蚝油芥蓝

材料：

芥蓝150克，白芝麻、红辣椒丝各适量

● 热量 246.3千卡
● 糖类 20.5克
● 蛋白质 5.6克
● 脂肪 15.8克
● 膳食纤维 2.9克

调味料：

盐1/4小匙，蚝油2大匙，水淀粉、橄榄油各1大匙，香油、白糖各1小匙

做法：

1. 将芥蓝摘除老叶，取嫩梗，洗净，切长段。
2. 锅中加水烧开，加适量盐，放入芥蓝段烫熟，捞出冲冷水沥干。
3. 热油锅，将蚝油、白糖、水淀粉一起炒匀为酱汁备用。
4. 将芥蓝段拌入香油后盛盘，将做法❸的酱汁淋在芥蓝段上，可撒白芝麻、红辣椒丝点缀。

功效解读

芥蓝属深绿色蔬菜，含有丰富的维生素A、维生素C、钙和铁，有利于胎儿的成长与骨骼发育，且可增强孕妈妈免疫力，预防感冒。

香菇炒油菜

材料：

香菇4朵，泡发黑木耳10克，油菜150克，葱花适量

● 热量 77.7千卡
● 糖类 5.1克
● 蛋白质 3.3克
● 脂肪 5.7克
● 膳食纤维 3.2克

调味料：

盐1小匙，橄榄油1大匙

做法：

1. 将香菇洗净，泡软，切块状，泡香菇的水留下备用；油菜洗净，切段。
2. 热油锅，放入油菜翻炒至软，加盐调味后继续翻炒。
3. 加入香菇水、香菇块与黑木耳一起烧煮，煮开后撒上葱花即可。

功效解读

油菜富含钙、铁，并含有大量维生素，能有效促进胎儿骨骼的发育。此道菜肴含有丰富的蛋白质，有助于胎儿大脑发育。

核桃仁炒圆白菜

材料:

圆白菜100克,核桃仁2小匙,蒜1瓣

● 热量 188.9千卡	
● 糖类 5.2克	
● 蛋白质 2.7克	
● 脂肪 17.5克	
● 膳食纤维 1.9克	

调味料:

盐1/2小匙,橄榄油2小匙

做法:

1 将圆白菜洗净,切大片;蒜剥皮,切成小片;核桃仁切成细碎状。

2 热油锅,加入蒜片爆香后,续入圆白菜片一起翻炒。

3 续入核桃仁翻炒,最后加盐调味,略炒即可。

鸡丝苋菜

2 人份

材料:

苋菜300克,鸡丝100克,红辣椒丝适量

● 热量 168.3千卡	
● 糖类 9.1克	
● 蛋白质 32.0克	
● 脂肪 1.3克	
● 膳食纤维 7.8克	

调味料:

盐1/2小匙,白胡椒粉1/6小匙

做法:

1 将苋菜洗净,切段备用。

2 汆烫苋菜段和鸡丝,捞出沥干。

3 将苋菜段和鸡丝分别与调味料混匀。

4 将苋菜段铺底,摆上鸡丝和红辣椒丝即可食用。

功效解读

圆白菜营养丰富,含有微量元素硫、氯、碘及维生素U,还富含膳食纤维,可改善便秘,亦可使孕妈妈有饱腹感,避免饮食过量。

功效解读

苋菜的钙含量很高,每100克约含有150毫克的钙质。高钙的苋菜相当适合孕妈妈食用,有助于胎儿骨骼的发育。

第二孕期(15~28周)高纤蔬食

大白菜烩面筋

材料：

大白菜300克，香菇20克，
油面筋50克，胡萝卜片10克

- 热量 644.3千卡
- 糖类 7.6克
- 蛋白质 26.3克
- 脂肪 56.5克
- 膳食纤维 3.7克

调味料：

酱油、橄榄油各1大匙，盐、水淀粉、香油、
陈醋各1小匙

做法：

1. 将所有材料洗净。油面筋用温水泡软挤
   干；香菇用冷水泡软切片，香菇水留下备
   用；大白菜梗切宽条，叶片切块。

2. 热油锅，爆香香菇片、胡萝卜片，续入大
   白菜片炒软，放入香菇水、酱油、油面筋
   拌匀，加盐调味，煮软。

3. 以水淀粉勾芡，起锅前加陈醋、香油拌匀
   即可。

功效解读

　　大白菜含有维生素 A、B 族维生素、维
生素 C、锌和膳食纤维等营养素，且热量低，
有助于孕妈妈控制体重；其所含的锌能增强
细胞活性，增强人体免疫力。

香菇烩小白菜

材料：

小白菜100克，香菇6朵

- 热量 25.0千卡
- 糖类 4.2克
- 蛋白质 2.0克
- 脂肪 0.4克
- 膳食纤维 3.0克

调味料：

盐、酱油各适量，橄榄油1
大匙

做法：

1. 将所有材料洗净。香菇用温开水泡过，去
   蒂，划十字；小白菜切段。

2. 热油锅，放入小白菜段略炒，再加入香菇
   一起翻炒。

3. 锅中加入适量水，加盐和酱油调味，最后
   盖上锅盖，待小白菜段煮软即可。

功效解读

　　香菇富含膳食纤维，具有很好的排毒作
用，能帮助人体清除毒素，改善便秘症状；
小白菜富含钙、磷、铁等营养素，可促进新
陈代谢。

糖醋香茄

3 人份

材料：

茄子300克，鸡蛋100克，面粉50克，胡萝卜丝5克，葱花、姜末、蒜末各3克

- 热量 568.8千卡
- 糖类 82.6克
- 蛋白质 22.3克
- 脂肪 16.8克
- 膳食纤维 7.6克

调味料：

盐1/4小匙，白糖、白醋各2大匙，食用油1小匙，水淀粉适量

做法：

1. 将茄子洗净，切长条，加盐略腌渍，再蘸裹面粉。

2. 将鸡蛋打成蛋液，和入面粉，拌成全蛋糊。将裹了面粉的茄条蘸裹全蛋糊，逐条放入油锅中炸，装盘备用。

3. 用葱花、姜末、蒜末炝锅，放入胡萝卜丝、水、盐、白糖、白醋，加水淀粉勾芡，加入香油，即成为糖醋酱汁；将酱汁浇淋在炸好的茄条上即可。

功效解读

茄子中的维生素 B_1、烟酸，具有促进胎儿脑部和神经系统发育的作用。适量摄取茄子，可增强记忆力，缓解孕妈妈脑部疲劳。

京酱茄子

1 人份

材料：

茄子300克，水适量，葱花、姜末各5克

- 热量 216.1千卡
- 糖类 30.1克
- 蛋白质 5.0克
- 脂肪 8.4克
- 膳食纤维 7.3克

调味料：

甜面酱25克，橄榄油2大匙，酱油2小匙，白糖、水淀粉各1小匙，盐1/4小匙

做法：

1. 将茄子洗净，切段，放入锅中油炸至熟，捞出沥干。

2. 热油锅，加葱花和姜末、甜面酱，倒入适量水混合拌匀。

3. 放入茄子段与其他调味料（水淀粉除外）一起烧煮。

4. 煮熟后，加水淀粉勾芡即可。

功效解读

茄子表皮的维生素 P 能增强人体细胞间的附着力，强化体内抗氧化物质的活性；茄子所含的膳食纤维可促进肠道蠕动，预防孕期便秘。

酥炸茄子

材料：

茄子250克，面粉30克，香菜适量

● 热量 376.4千卡
● 糖类 40.5克
● 蛋白质 5.6克
● 脂肪 21.4克
● 膳食纤维 6.6克

调味料：

酱油1大匙，橄榄油6大匙，白糖1小匙，盐1/4小匙，胡椒粉适量

做法：

❶ 将茄子洗净，去蒂，切斜薄片，加酱油、白糖略腌15分钟。

❷ 在面粉中放入盐、1大匙水，调成面糊。

❸ 热油锅，将腌渍过的茄子蘸裹面糊，放入锅中油炸至金黄色，捞出沥油，装盘时撒上胡椒粉，放上香菜点缀即可。

功效解读

　　茄子富含维生素 E、维生素 P，有助于孕妈妈控制血压；其所含的 B 族维生素和膳食纤维，可促进胃肠蠕动，预防孕期便秘，且茄子热量低，又能杀菌，容易使人有饱腹感。

香菇茭白

材料：

鲜香菇丝30克，蒜末20克，茭白丝200克

● 热量 68.7千卡
● 糖类 11.7克
● 蛋白质 4.0克
● 脂肪 1.5克
● 膳食纤维 5.4克

调味料：

盐、香油各1/4小匙，白糖1/5小匙，低盐酱油、食用油各适量

做法：

❶ 分别将鲜香菇丝、茭白丝汆烫，沥干备用。

❷ 热油锅，加入鲜香菇丝、茭白丝、蒜末和调味料，翻炒均匀即可。

功效解读

　　茭白含有蛋白质、维生素 A、维生素 C 及膳食纤维，可预防感冒、促进胃肠蠕动，且热量低、水分高，容易使人有饱腹感。

枸杞子炒鲜菇

材料：

香菇80克，泡发银耳50克，枸杞子20克

- 热量 169.9千卡
- 糖类 24.1克
- 蛋白质 5.7克
- 脂肪 5.6克
- 膳食纤维 9.3克

调味料：

盐、米酒各1/2小匙，香油、橄榄油各1小匙

做法：

1. 将所有材料洗净。香菇汆烫，捞出切块备用。
2. 热油锅，加入香菇块翻炒，续入泡发的银耳、枸杞子炒熟。
3. 加入调味料翻炒均匀即可。

功效解读

香菇属于高钾低钠食材，能改善血液循环、降低血压。适量食用香菇，可增强人体的免疫力，有助于胎儿骨骼和牙齿的生长发育。

清炒黑木耳豆芽

材料：

黑木耳、绿豆芽各150克，芹菜75克，胡萝卜50克，香菜叶少许

- 热量 282.5千卡
- 糖类 25.9克
- 蛋白质 7.2克
- 脂肪 16.7克
- 膳食纤维 14.8克

调味料：

盐1/4小匙，橄榄油1大匙

做法：

1. 将黑木耳、胡萝卜洗净，切丝；绿豆芽去根洗净；芹菜洗净，切长段备用。
2. 热油锅，放入黑木耳丝、胡萝卜丝、芹菜段、10毫升水翻炒，加盐调味，再放入绿豆芽略炒，放上香菜叶即可。

功效解读

黑木耳所含的膳食纤维可使排便顺畅；绿豆芽富含维生素 A、B 族维生素、维生素 E、蛋白质、钙、铁、钠等营养素，能预防多种疾病，缓解疲劳。

第二孕期（15~28 周）高纤蔬食

毛豆玉米笋

补充营养 + 促进胎儿发育

2 人份

材料：

毛豆50克，玉米笋20克，豆干1块，蒜末10克，辣椒5克

● 热量 497.2千卡
● 糖类 12.9克
● 蛋白质 22.8克
● 脂肪 39.4克
● 膳食纤维 4.7克

调味料：

盐1/4小匙，橄榄油2大匙

做法：

① 将毛豆、玉米笋洗净，氽烫备用；辣椒洗净，切丝；豆干切条。

② 热油锅，爆香蒜末、辣椒丝，加入豆干条略炒，续入毛豆、玉米笋翻炒至熟，加盐调味即可。

功效解读

毛豆所含的铁质易被人体吸收；毛豆所含的卵磷脂有助于胎儿大脑的发育；玉米笋含有维生素、蛋白质、矿物质，是营养价值丰富的食材。

开洋黄瓜

增进食欲 + 润肌美肤

1 人份

材料：

小黄瓜150克，虾米20克

● 热量 120.9千卡
● 糖类 3.8克
● 蛋白质 13.2克
● 脂肪 5.9克
● 膳食纤维 1.4克

调味料：

盐1/4小匙，橄榄油1大匙

做法：

① 将小黄瓜洗净，切片。

② 热油锅，爆香虾米，加入小黄瓜片翻炒，加盐调味即可。

功效解读

小黄瓜能增进食欲，同时可增强孕妈妈的免疫力；小黄瓜所含的多糖体具有润泽皮肤、促进毛发代谢的作用。

凉拌黄瓜嫩豆腐

材料：

小黄瓜100克，豆腐2块，姜末适量

- 热量 151.1千卡
- 糖类 8.5克
- 蛋白质 9.7克
- 脂肪 8.7克
- 膳食纤维 1.5克

调味料：

酱油2小匙，香油、盐各1小匙

做法：

1. 将小黄瓜洗净，去蒂，切长条，加盐腌渍片刻。
2. 锅中加水烧开，将豆腐放入水中氽烫后捞出。
3. 将豆腐切片，与腌过的小黄瓜条一起摆放在盘中。
4. 将调味料与姜末调成酱汁，淋在豆腐片和小黄瓜条上即可食用。

功效解读

小黄瓜能调节胆固醇、血脂；豆腐中的皂苷成分也具有抑制人体对胆固醇吸收的作用。另外，此料理具有保护心脏的功效。

芝麻煎豆腐

材料：

黑芝麻、白芝麻各20克，豆腐半块，葱末10克，香菜段适量

- 热量 536.6千卡
- 糖类 18.5克
- 蛋白质 13.3克
- 脂肪 45.5克
- 膳食纤维 6.5克

酱料：

蒜末、白芝麻、红辣椒末各5克，姜末10克，白醋、酱油各2大匙，蜂蜜1小匙

调味料：

橄榄油1大匙

做法：

1. 将豆腐切块，用纸巾吸干水分，两面蘸上黑、白芝麻。
2. 将酱料混合拌匀备用。
3. 热油锅，将豆腐块煎至金黄色，淋上酱料，撒上葱末、香菜段点缀即可。

功效解读

虽然芝麻的脂肪含量高，但主要是亚麻油酸，那是一种人体不可缺少的脂肪酸，有助于头发乌黑亮丽、润肠通便，适合孕妈妈食用。

西红柿山药泥

材料：
山药150克，西红柿1个

调味料：
白醋1.5小匙，盐1/4小匙

● 热量 145.3千卡
● 糖类 24.7克
● 蛋白质 3.8克
● 脂肪 3.5克
● 膳食纤维 2.7克

做法：

❶ 将西红柿洗净，去籽，去蒂，切小块；山药去皮，上锅蒸熟后压成泥。

❷ 将白醋和盐搅拌均匀，再与山药泥拌匀。

❸ 把西红柿块放在山药泥上即可。

功效解读

山药可增强大脑的记忆功能，其中的多糖体与黏液蛋白能增强人体免疫力，并具有调节消化系统、健胃整肠的作用。

豆瓣莲藕

材料：
毛豆100克，莲藕200克，葱1根，海苔丝适量

调味料：
橄榄油、豆瓣酱各1大匙，盐、白糖各1/4小匙

● 热量 381.8千卡
● 糖类 17.3克
● 蛋白质 19.7克
● 脂肪 33.9克
● 膳食纤维 8.7克

做法：

❶ 将莲藕洗净，切薄片；葱洗净，切斜段；毛豆洗净。

❷ 热油锅，放入莲藕片炒透，加入葱段、毛豆续炒。

❸ 加豆瓣酱、盐、白糖翻炒，待毛豆炒熟后盛盘，撒上海苔丝即可。

功效解读

莲藕含有丰富的铁质，能补血，有助于改善贫血；其中大量的膳食纤维可促进肠道蠕动，预防便秘，并有促进新陈代谢的作用。

清除毒素 + 滋润肠道

黑色精力汤

1
人份

材料：
黑芝麻50克，海带150克

- 热量 319.5千卡
- 糖类 14.8克
- 蛋白质 10.5克
- 脂肪 27.0克
- 膳食纤维 9.1克

调味料：
盐适量

做法：

1. 将黑芝麻放入炒锅，以小火略炒。
2. 将海带洗净，放入水中泡软，切成大片。
3. 将黑芝麻放入锅中，加海带片和适量水一起煮成汤，最后加盐调味即可。

功效解读

黑芝麻有滋润肠道的作用；海带中的胶质可吸附肠道中的毒素，也能清除肠道中的废物。多喝此汤品，有利于孕妈妈的肠道健康。

强骨防病 + 预防便秘

什锦紫菜羹

4
人份

材料：
金针菇、胡萝卜丝各100克，紫菜5克，杏鲍菇片3片，草菇6个，玉米粒40克，黑木耳丝、葱丝各10克

- 热量 155.0千卡
- 糖类 21.5克
- 蛋白质 9.0克
- 脂肪 2.0克
- 膳食纤维 9.4克

调味料：
酱油1小匙，白糖、陈醋各2小匙，盐1/2小匙，胡椒粉1/4小匙

做法：

1. 紫菜泡水，待胀发后洗净，切丝；金针菇洗净，剥松；杏鲍菇、草菇洗净，切丝备用。
2. 汤锅加水煮开，放入葱丝以外的所有材料，煮开后，转小火再煮约5分钟。
3. 加入所有调味料调匀，起锅前撒上葱丝即可。

功效解读

金针菇低热量、高纤维，具有促进胃肠蠕动、降低胆固醇等功效；胡萝卜富含膳食纤维，有助于缓解孕妈妈的便秘症状。

牛腩罗宋汤

5 人份

材料：

牛腩450克，西红柿2个，土豆、洋葱各60克，葱花10克，水适量

- 热量 1614.7千卡
- 糖类 29.6克
- 蛋白质 71.2克
- 脂肪 134.6克
- 膳食纤维 5.1克

调味料：

盐1小匙，胡椒粉1/4小匙

做法：

1. 将牛腩洗净，切块；西红柿洗净，去蒂，切块；土豆、洋葱洗净，去皮，切块。

2. 锅中加水煮开，放入牛腩块氽烫，捞起沥干。

3. 另取一锅放入全部材料，加入胡椒粉及水，以大火煮开，转小火续煮15分钟，起锅前加盐调味即可。

功效解读

　　牛腩中铁质的含量相当丰富，并且是易被人体吸收、利用的血红素铁，可以预防怀孕期间的缺铁性贫血；西红柿含胡萝卜素、维生素C，能帮助孕妈妈预防或减轻妊娠纹、妊娠斑。

西红柿香芋牛肋汤

5 人份

材料：

牛肋条300克，西红柿4个，土豆块200克，姜50克，葱花适量

- 热量 749.9千卡
- 糖类 68.3克
- 蛋白质 112.2克
- 脂肪 3.1克
- 膳食纤维 9.0克

调味料：

盐1大匙，胡椒粉、香油各适量

做法：

1. 将牛肋条洗净，剁小块，氽烫捞出备用；西红柿洗净，切块；姜去皮，切片。

2. 将牛肋块、姜片、1000毫升水加入锅中，大火煮开后转小火，炖约2小时。

3. 将土豆块、西红柿块加入锅中续煮，放入所有调味料搅拌均匀，最后撒上葱花即可。

功效解读

　　西红柿富含维生素A、B族维生素、维生素C、多种抗氧化物质，能消炎及对抗病毒，降低感冒的发生概率；土豆含有维生素C，有助于预防感冒。

南瓜蔬菜浓汤

材料：

洋葱、胡萝卜各20克，西芹50克，土豆30克，南瓜200克，牛奶100毫升，松子仁适量

- 热量 250.8千卡
- 糖类 43.1克
- 蛋白质 9.5克
- 脂肪 4.5克
- 膳食纤维 5.2克

调味料：

盐1/4小匙，橄榄油1大匙

做法：

1. 将除牛奶外的材料洗净。洋葱切丝；胡萝卜、西芹及土豆切片；南瓜去皮、瓤，切块备用。
2. 热油锅，将洋葱丝炒软，加入胡萝卜片、土豆片、西芹片、南瓜块翻炒，加水熬煮至软烂，待放凉后，放入破壁机中打匀。
3. 倒回锅中加热，加盐调味，加入牛奶搅拌均匀，撒上松子仁装饰即可。

功效解读

南瓜含有多种维生素，可保护视力和维持皮肤健康，适量摄取，有助于血糖平稳，保护肝肾细胞。

元气南瓜汤

材料：

山药、紫山药各50克，南瓜150克，枸杞子20克

- 热量 206.2千卡
- 糖类 28.9克
- 蛋白质 6.7克
- 脂肪 2.5克
- 膳食纤维 5.5克

调味料：

盐1/2小匙

做法：

1. 将所有材料洗净。南瓜去瓤，切块；山药、紫山药去皮，切小块。
2. 热锅加1000毫升水，放入南瓜块，煮约8分钟，续入山药块、紫山药块、枸杞子、盐，煮至南瓜块、山药块熟软，捞掉浮渣即可。

功效解读

食用南瓜可增加体力，易使人有饱腹感，且能帮助排出体内多余的废物，还具有改善焦虑症状的功效。

第二孕期（15~28周）养生汤品

鲜味海带芽汤

3人份

材料：
干海带芽20克，虾仁6只，
墨鱼片100克，香菇4朵，
姜丝10克

● 热量 123.9千卡
● 糖类 4.2克
● 蛋白质 14.4克
● 脂肪 5.5克
● 膳食纤维 2.3克

调味料：
盐1/4小匙，胡椒粉、香油各1小匙

做法：

① 将香菇洗净，切片；干海带芽泡发。

② 锅中加600毫升水煮开，放入姜丝、虾仁、墨鱼片、香菇片、海带芽煮开。

③ 加盐、胡椒粉调味，起锅前淋上香油即可。

功效解读

　　海带含碘丰富，能促进胎儿大脑的发育，且有预防血管硬化的作用；其所含的胶质则有促进肠道排毒的功效。

蛤蜊清汤

4人份

材料：
蛤蜊600克，姜5片，葱1根

● 热量 147.2千卡
● 糖类 4.6克
● 蛋白质 25.3克
● 脂肪 3.1克
● 膳食纤维 0.1克

调味料：
盐1/4小匙

做法：

① 将葱洗净，切成葱花；蛤蜊洗净，放入清水中，撒盐2大匙，让蛤蜊吐出泥沙。

② 汤锅中加1000毫升水煮开，放入蛤蜊、姜片、葱花，加盐调味，待蛤蜊开口即可。

功效解读

　　蛤蜊是一种低热量、高蛋白的食材，食用可去除体热，促进新陈代谢，对孕妈妈具有安定神经、平稳情绪的功效。

苋菜银鱼汤

材料：

干贝20克，银鱼、生菜丝各20克，苋菜30克，姜末5克，葱花10克

- 热量 78.2千卡
- 糖类 4.2克
- 蛋白质 14.3克
- 脂肪 0.5克
- 膳食纤维 0.9克

调味料：

盐1/4小匙，白胡椒粉适量

做法：

1. 将苋菜洗净，切小段，汆烫备用。
2. 汤锅中加500毫升水煮开，放入干贝煮30分钟。
3. 续入苋菜段、姜末、银鱼煮开，撒上葱花、生菜丝略煮，再加盐及白胡椒粉调味即可。

功效解读

苋菜富含维生素 B_2，可促进其他营养素的吸收，并能缓解疲劳，增强体力。这道汤品钙质丰富，十分适合孕妈妈食用。

补铁猪血汤

材料：

猪血50克，猪大肠100克，酸菜丝160克，红葱头1/2颗，韭菜60克，高汤300毫升

- 热量 544.5千卡
- 糖类 7.6克
- 蛋白质 11.5克
- 脂肪 52.0克
- 膳食纤维 2.2克

调味料：

盐1/4小匙，白胡椒粉适量，橄榄油2大匙

做法：

1. 将除高汤外的材料洗净。猪血切小块；猪大肠、韭菜切小段；红葱头切末备用。
2. 将猪血块汆烫后捞出，再放入猪大肠段，煮开后改中火煮3分钟，捞出备用。
3. 热油锅，加入红葱头末，炒至金黄色，续入猪大肠段、酸菜丝、猪血块翻炒，加入高汤煮开，放入韭菜段，加盐调味，撒入白胡椒粉拌匀即可。

功效解读

猪血含有大量的铁质，是人体造血的必要原料。倘若母体的铁质摄取不足，易导致贫血。此汤品可养肝补血。

燕麦浓汤面包盅

2人份

材料:

燕麦片、洋葱各50克,西芹半根,杂粮面包1个,鸡肉高汤500毫升,奶油10克

- 热量 533.6千卡
- 糖类 83.9克
- 蛋白质 16.0克
- 脂肪 14.9克
- 膳食纤维 15.0克

调味料:

盐1/4小匙

做法:

① 西芹洗净,去粗纤维,切丁;洋葱洗净,去皮,切丁备用;面包切开口,挖成碗状。

② 热锅,放入奶油溶化后,再加洋葱丁、西芹丁炒香。

③ 在做法②的锅中加入燕麦片、鸡肉高汤,以小火熬煮约15分钟后放至冷却,再用破壁机打成浓汤,加盐调味,盛入面包碗内即可。

功效解读

燕麦富含 B 族维生素,可增强体力。研究指出,大量摄取燕麦糠能调节血清总胆固醇水平,有效预防心血管疾病。

西蓝花鲜菇汤

2人份

材料:

鲜香菇4朵,金针菇30克,西蓝花200克,枸杞子5克

- 热量 241.1千卡
- 糖类 22.3克
- 蛋白质 13.3克
- 脂肪 11.0克
- 膳食纤维 10.9克

调味料:

酱油、香油各2小匙,陈醋1小匙,胡椒粉适量

做法:

① 将西蓝花洗净,切小朵;香菇洗净,去蒂切片;金针菇去尾部后洗净。

② 热锅加800毫升水,待水开后放入西蓝花、香菇片、金针菇,煮熟。

③ 续入调味料调味,撒上枸杞子略煮即可。

功效解读

多摄取含有丰富维生素 A、维生素 C 的西蓝花,能增强免疫力,抵抗病毒,且能活化细胞、保护肌肤。

强壮筋骨 + 提供胎儿所需营养

杜仲炒腰花

材料:
杜仲、枸杞子各15克,猪腰200克,姜5片,高汤500毫升

- 热量 451.5千卡
- 糖类 12.5克
- 蛋白质 24.5克
- 脂肪 33.7克
- 膳食纤维 2.2克

调味料:
米酒1大匙,食用油2大匙,盐1/4小匙

做法:
1. 将除高汤外的材料洗净。杜仲和水加入锅内,熬煮成400毫升浓汁。
2. 将猪腰横剖去筋膜,切片,放入开水中汆烫。
3. 热锅,用食用油将姜片爆香,加入高汤、枸杞子、杜仲浓汁、米酒、盐,煮开后放入猪腰片,稍煮滚即可。

功效解读

　　杜仲有补益腰肾、保护肝脏、强壮筋骨的功效;猪腰含有丰富的蛋白质,可以提供给胎儿丰富的营养,还有助于孕妈妈恢复体力。

促进胎儿器官发育 + 缓解疲劳

杜仲烩乌参

材料:
乌参250克,黑木耳2朵,熟竹笋1根,杜仲10克,天麻、白芍各5克,葱段、姜片各适量

- 热量 258.4千卡
- 糖类 17.5克
- 蛋白质23.6克
- 脂肪 10.5克
- 膳食纤维 9.8克

调味料:
橄榄油、酱油各1大匙,香油1小匙,盐、白糖各1/2小匙,水淀粉、米酒各适量

做法:
1. 将所有材料洗净。将杜仲、天麻、白芍加水熬煮成药汁。
2. 将乌参切块;黑木耳、熟竹笋切片。
3. 热油锅,爆香葱段、姜片后,放入乌参块、黑木耳片、熟竹笋片翻炒,续放做法❶熬出的药汁及除水淀粉外的所有调味料,以小火煮5分钟,最后加入水淀粉勾芡即可。

功效解读

　　乌参能促进胎儿大脑等重要器官的生长发育。对孕妈妈来说,乌参可缓解疲劳、保护视力、调节免疫功能、延缓衰老。

第Ⅰ孕期（15~28周）滋补药膳

黄芪猪肝汤

材料：

麦冬、枸杞子各15克，黄芪10克，姜3片，猪肝200克，猪大骨100克，葱段适量

- 热量 660.8千卡
- 糖类 16.0克
- 蛋白质 45.8克
- 脂肪 46.0克
- 膳食纤维 2.7克

调味料：

盐1/4小匙，胡椒粉、香油、橄榄油各1大匙

做法：

1 将所有材料洗净。将黄芪、麦冬、猪大骨、葱段、姜片放入锅中，加600毫升水用大火煮开，再用小火续煮40分钟，取高汤备用。

2 将猪肝切成薄片备用。

3 热油锅，爆香姜片，放入煮好的高汤，大火煮开后加入猪肝片、枸杞子和剩余调味料，煮熟即可。

功效解读

黄芪可补气生血，能促进全身血液循环，供给人体所需的营养物质，同时具有降低血压、利尿、抗菌和保护肝脏的功效。

黄芪枸杞子鸡汤

材料：

鸡翅120克，姜2片，黄芪12克，枸杞子9克

- 热量 195.2千卡
- 糖类 6.8克
- 蛋白质 23.2克
- 脂肪 8.4克
- 膳食纤维 1.3克

调味料：

盐适量

做法：

1 将鸡翅洗净，入开水汆烫备用。

2 将其他所有材料洗净，与鸡翅、水一起放入陶锅中炖煮。

3 待鸡翅熟烂，加盐调味即可。

功效解读

鸡肉是蛋白质丰富且油脂少的肉品，是孕期女性增强体力的良好来源；黄芪可以增强孕妈妈的免疫力。

补血益气 + 保胎安胎

阿胶牛肉汤

2 人份

材料：

牛肉100克，阿胶15克，麦冬、生地黄各12克，甘草6克，姜丝适量

● 热量 355.8千卡
● 糖类 1.1克
● 蛋白质 20.7克
● 脂肪 29.9克
● 膳食纤维 0.0克

调味料：

米酒、盐各适量

做法：

① 将麦冬、生地黄、甘草洗净，沥干，装入纱布袋；牛肉洗净，切片。

② 将牛肉片、纱布袋、姜丝放入陶锅，加水炖煮约30分钟，再放入阿胶。

③ 阿胶溶化后，加入米酒、盐调味即可。

功效解读

阿胶具有滋阴润燥的功效，可缓解疲劳，并且能够补血益气；对孕期女性来说，还有保胎安胎的作用。

补充营养 + 促进胎儿发育

阿胶蛋羹

1 人份

材料：

阿胶15克，鸡蛋1个

● 热量 105.6千卡
● 糖类 1.3克
● 蛋白质 12.5克
● 脂肪 5.6克
● 膳食纤维 0.0克

做法：

① 将鸡蛋打散；将阿胶打碎放入锅中，加水稍煮，搅匀使其溶化。

② 熄火起锅，倒入打匀的蛋液即可。

功效解读

鸡蛋是孕期女性不可缺少的营养食材，其所含的卵磷脂、胆碱对胎儿的神经系统和身体发育极为有利，并可促进细胞增殖。

第二孕期（15～28周）滋补药膳

清蒸红枣鳕鱼

材料:

鳕鱼片150克，红枣3颗，枸杞子、姜丝各10克，白芷5克，葱丝20克

- 热量 228.0千卡
- 糖类 22.6克
- 蛋白质 32.3克
- 脂肪 0.9克
- 膳食纤维 2.3克

调味料:

酱油、白糖各1大匙

做法:

1. 将红枣、枸杞子、白芷洗净。枸杞子泡冷水；白芷泡热水约15分钟后，取出切细丝；红枣去核备用。

2. 将白芷丝铺盘底，放上鳕鱼片、姜丝、红枣、枸杞子，上锅蒸6～7分钟，摆上葱丝，淋上调味料即可。

功效解读

红枣能补气养血，含有蛋白质、脂肪、糖类、维生素A、维生素C、钙、多种氨基酸，有保护肝脏、增强孕妈妈体力的作用。

寄生首乌红枣鸡

材料:

鸡1/2只，桑寄生3克，何首乌9克，红枣5颗，香菇2朵

- 热量 712.9千卡
- 糖类 8.1克
- 蛋白质 92.4克
- 脂肪 34.5克
- 膳食纤维 0.9克

调味料:

盐适量

做法:

1. 将桑寄生、何首乌洗净，装入纱布袋；红枣洗净；香菇洗净，切片；鸡肉洗净，切块，氽烫去除血水，捞出备用。

2. 将鸡肉块与纱布袋、红枣、香菇片、水放入陶锅炖煮。

3. 待鸡肉块熟透，加盐调味即可。

功效解读

何首乌含有大黄酸，可促进肠道蠕动，能促进营养素吸收，并可预防便秘；桑寄生能补肾安胎，并对怀孕期间女性的腰痛有舒缓作用。

冰糖参味燕窝
1 人份

材料：
燕窝20克，干百合18克，
枸杞子2克，牛蒡、麦冬、
玉竹各3克

- 热量 106.0千卡
- 糖类 25.4克
- 蛋白质 1.0克
- 脂肪 0.1克
- 膳食纤维 1.9克

调味料：
冰糖适量

做法：

❶ 将所有材料洗净。干百合以冷水泡发；枸
杞子泡冷水；牛蒡切片。

❷ 燕窝以开水浸至透明，发透后再以温水过
水2～3次。

❸ 将牛蒡片、麦冬、玉竹加250毫升水煮
沸，转小火煮至水剩一半，过滤取汁备用。

❹ 将燕窝放入做法❸的药汁中，再加百合、
枸杞子一起蒸熟即可。

功效解读

燕窝含有丰富的活性蛋白质，能增强孕
妈妈的免疫力。孕妈妈进食燕窝，则有滋阴
养颜之效。

黑芝麻山药蜜
2 人份

材料：
山药150克，胡萝卜50克，
黑芝麻粉2大匙

- 热量 433.8千卡
- 糖类 65.09克
- 蛋白质 7.23克
- 脂肪 17.17克
- 膳食纤维 8.29克

调味料：
蜂蜜2小匙，玉米粉1小匙

做法：

❶ 将玉米粉和水混合调匀，制成玉米粉水。

❷ 将山药、胡萝卜洗净，去皮，切丁备用。

❸ 汤锅中加入适量水煮开，放入山药丁和胡
萝卜丁煮25分钟。

❹ 加入黑芝麻粉和蜂蜜拌匀，用玉米粉水勾
芡即可。

功效解读

黑芝麻中的芝麻素有极佳的抗氧化作
用，能调节血液中的胆固醇水平，可养肝护
肝；黑芝麻中丰富的铁质可维持胎儿的正常
发育，也能避免母体贫血。

第二孕期（15～28周）点心甜品

119

预防便秘 + 健肠排毒

玉米芝麻糊

1 人份

材料：
黑芝麻90克，玉米粉40克

调味料：
白糖1小匙

● 热量 691.5千卡
● 糖类 56.2克
● 蛋白质 17.1克
● 脂肪 48.1克
● 膳食纤维 8.3克

做法：

① 将黑芝麻倒入锅中，加入水搅拌后，以小火煮开。

② 将玉米粉倒入黑芝麻中，加入白糖搅拌均匀，再煮5分钟即可。

功效解读

黑芝麻含有丰富的膳食纤维，能清除肠道中的毒素、废物；玉米中的不饱和脂肪酸能有效润肠通便，预防便秘。

保肝润肠 + 护肤美容

蜂蜜黑芝麻泥

4 人份

材料：
黑芝麻粉75克

调味料：
蜂蜜7大匙

● 热量 762.0千卡
● 糖类 95.8克
● 蛋白质 13.2克
● 脂肪 41.2克
● 膳食纤维 9.8克

做法：

① 将黑芝麻粉和蜂蜜混合，搅拌均匀。

② 食用时用温水冲泡即可。

功效解读

蜂蜜对肝脏有保护作用，具润肠功效。食用蜂蜜有助于规律排便，减少肠道中的毒素，还能改善孕妈妈睡眠质量，具有护肤美容、保护血管的功效。

花生麻糬

材料：
糯米粉100克

调味料：
花生粉4大匙，白糖、橄榄油各2大匙

● 热量 798.8千卡
● 糖类 113.0克
● 蛋白质 9.0克
● 脂肪 34.5克
● 膳食纤维 4.1克

做法：

❶ 将80毫升冷开水倒入糯米粉中搅拌均匀，再揉搓至面团不黏手。

❷ 将面团捏小块放入开水中，至所有面团浮至水面即可捞起。

❸ 在锅内涂抹适量橄榄油，防止面团粘锅，以擀面杖敲打面团至表面光滑，即为"米麻糬"。

❹ 手蘸温水，将米麻糬分成适当大小，并将花生粉、白糖混合裹在米麻糬表面即可。

功效解读

花生是蛋白质的良好来源，富含单不饱和脂肪酸、膳食纤维，不含胆固醇，是天然的低钠食物，适合孕妈妈补充所需营养。

拔丝红薯

材料：
红薯200克，鸡蛋1个，欧芹叶适量

调味料：
白糖2大匙，淀粉1大匙，橄榄油适量

● 热量 898.1千卡
● 糖类 127.2克
● 蛋白质 12.5克
● 脂肪 37.7克
● 膳食纤维 8.4克

做法：

❶ 将红薯洗净，去皮，切块；鸡蛋打散。

❷ 淀粉和蛋液拌匀成糊状，用红薯块均匀蘸裹粉糊，放入油锅炸熟取出。

❸ 另取一锅烧热，加白糖拌至溶化，加入红薯块翻动，使表面均匀地裹上糖液，起锅后加欧芹叶装饰即可。

功效解读

红薯是一种碱性食材，可稳定血压；红薯中丰富的维生素 A 能增强孕妈妈的免疫力；其中丰富的膳食纤维能促进胃肠蠕动，使孕妈妈排便顺畅。

第二孕期（15～28周）点心甜品

金薯凉糕

材料：

红薯350克，琼脂20克

调味料：

白糖2大匙，盐1/4小匙，
橄榄油1小匙

● 热量 696.7千卡
● 糖类 145.8克
● 蛋白质 3.6克
● 脂肪 11.1克
● 膳食纤维 23.1克

做法：

① 将红薯洗净，去皮，蒸熟，加盐调味，趁热压成薯泥。

② 取一容器，放入琼脂和白糖，倒200毫升水加热至两者皆溶化后，趁热倒入薯泥中，沿同一方向快速画圈搅拌均匀。

③ 取一方盘，在盘底和盘壁均匀抹上薄油，将薯泥用模具做成图案，放入盘中待凉，最后放入冰箱中冷藏凝固，即可脱模。

功效解读

红薯含有大量碳水化合物，其中的葡萄糖是胎儿脑细胞形成最需要的营养；红薯中丰富的膳食纤维则可促进消化、避免便秘。

红豆莲藕凉糕

材料：

椰子粉10克，莲藕粉100克，
红豆泥200克

调味料：

白糖、橄榄油各1大匙

● 热量 1361.5千卡
● 糖类 243.2克
● 蛋白质 45.6克
● 脂肪 22.9克
● 膳食纤维 26.3克

做法：

① 在莲藕粉中加入100毫升冷水拌匀，倒入150毫升的开水中，续入白糖搅拌成黏糊状的粉浆。

② 取一容器，先抹适量油以利脱模，将一半粉浆倒入容器铺平，蒸5分钟后取出。

③ 将红豆泥铺在蒸过的粉浆上，再将另一半粉浆倒在红豆泥上后，续蒸约25分钟。

④ 待凉后放入冰箱1天，取出脱模后切成块，撒上椰子粉即可。

功效解读

莲藕粉能健胃、整肠、补血；红豆具有补血、健胃、利尿等功效，有助于缓解疲劳、抗氧化。

葡萄干蒸枸杞子

材料：

葡萄干、枸杞子各40克

做法：

① 将葡萄干、枸杞子洗净。

② 将葡萄干和枸杞子放入蒸锅，蒸约半小时即可。

- 热量 245.1千卡
- 糖类 57.0克
- 蛋白质 6.2克
- 脂肪 0.6克
- 膳食纤维 8.1克

功效解读

葡萄干富含铁质，可改善贫血；其所含的多酚类物质能抑止健康细胞癌变；葡萄干的皮含有鞣酸，能增强孕妈妈的免疫力，预防心血管疾病。

黑芝麻拌枸杞子

材料：

黑芝麻50克，枸杞子25克

调味料：

盐、白糖、香油各适量

- 热量 408.9千卡
- 糖类 32.0克
- 蛋白质 12.2克
- 脂肪 25.8克
- 膳食纤维 12.0克

做法：

① 将枸杞子洗净，入开水汆烫，捞起沥干。

② 将黑芝麻洗净，放入炒锅以小火炒香，趁热和枸杞子搅拌，加入盐、白糖、香油拌匀即可。

功效解读

黑芝麻含有大量维生素E，可预防孕妈妈贫血，也可促进胎儿脑细胞发育；枸杞子具有促进孕妈妈血液循环、增强免疫力的功效。

第 | 孕期（15~28周）点心甜品

核桃酸奶沙拉

材料：
西芹45克，苹果1个，葡萄干1大匙，核桃仁25克

● 热量 320.2千卡
● 糖类 37.6克
● 蛋白质 5.7克
● 脂肪 19.3克
● 膳食纤维 5.0克

调味料：
酸奶2大匙

做法：

❶ 将西芹洗净，切小段。

❷ 将苹果去皮，去核，切小块。

❸ 将除酸奶、葡萄干外的所有材料放入大碗中，然后将酸奶淋在食物上，撒上葡萄干即可。

功效解读

　　核桃仁中所含的油脂可帮助孕妈妈润肠通便、护肤美容；酸奶富含乳酸菌，能排出人体内的毒素，让孕妈妈在孕期拥有好气色。

南瓜酸奶沙拉

材料：
南瓜300克，葡萄干100克，白芝麻适量，莳萝叶少许

● 热量 438.5千卡
● 糖类 48.8克
● 蛋白质 9.8克
● 脂肪 6.6克
● 膳食纤维 5.8克

调味料：
酸奶300毫升，蜂蜜1大匙

做法：

❶ 将南瓜切成约3厘米厚的块状，放入碗中，盖上盖子上锅蒸10分钟。

❷ 将调味料淋在蒸好的南瓜块上拌匀，撒上白芝麻、葡萄干，用莳萝叶装饰即可。

功效解读

　　南瓜含有丰富的果胶，可促进胃肠蠕动，帮助食物消化，让体内的毒素顺利排出，适合有便秘困扰的孕妈妈食用。

葡汁蔬果沙拉

材料：

去皮葡萄8颗，葡萄汁60毫升，葡萄干2小匙，生菜100克，苹果1个，玉米粒50克

- 热量 342.0千卡
- 糖类 53.6克
- 蛋白质 6.6克
- 脂肪 197.0克
- 膳食纤维 6.2克

调味料：

沙拉酱适量，果糖1小匙

做法：

① 生菜洗净，撕小片；苹果洗净，切片备用。

② 将葡萄汁、沙拉酱、葡萄干、果糖、去皮葡萄放入碗中拌匀，即为葡萄沙拉酱汁。

③ 将生菜片、苹果片、玉米粒放入碗中，淋上葡萄沙拉酱汁即可。

功效解读

葡萄含有丰富的铁质，是补血效果很好的食物。孕妈妈多吃葡萄，不仅对胎儿有益，亦能使自己面色红润。

高纤苹果卷饼

材料：

苹果60克，苜蓿芽20克，豌豆苗、葡萄干各10克，蛋饼皮2张

- 热量 176.0千卡
- 糖类 36.3克
- 蛋白质 4.3克
- 脂肪 2.0克
- 膳食纤维 0.4克

调味料：

蜂蜜1小匙

做法：

① 将苹果洗净，去核，切成长条状；苜蓿芽、豌豆苗洗净沥干；蛋饼皮煎熟备用。

② 将苜蓿芽、豌豆苗铺在蛋饼皮上，再依序放入苹果条、葡萄干，淋上蜂蜜，再将蛋饼皮卷好即可。

功效解读

苹果富含的膳食纤维可促进消化，排出宿便。此甜点含有大量抗氧化物质，能够保护肌肤，让孕妈妈保持红润气色。

第Ⅰ孕期（15~28周）点心甜品

鲜果奶酪

2 人份

材料：

鲜奶油50毫升，鲜奶250毫升，明胶2片，樱桃6颗，猕猴桃丁20克

- 热量 482.2千卡
- 糖类 63.6克
- 蛋白质 8.8克
- 脂肪 21.4克
- 膳食纤维 0.9克

调味料：

白糖2大匙

做法：

1. 将明胶片泡水，待软后捞出；樱桃洗净，去核，切丁。
2. 将鲜奶、白糖拌匀煮溶，加入明胶片、鲜奶油拌匀，倒入碗中待凉。
3. 待凝固后，放入樱桃丁、猕猴桃丁即可。

功效解读

樱桃中铁质的含量尤其丰富，铁质是孕妈妈所需的重要营养素之一；猕猴桃中丰富的维生素C可增强孕妈妈免疫力。

葡萄柚香橙冻

2 人份

材料：

葡萄柚2个，柳橙汁400毫升，明胶粉12克

- 热量 560.2千卡
- 糖类 138.0克
- 蛋白质 4.1克
- 脂肪 2.2克
- 膳食纤维 5.8克

调味料：

白糖4大匙

做法：

1. 将葡萄柚去皮及筋膜，挑出果肉。
2. 锅中加入白糖及100毫升水，以小火煮至呈浆状后熄火，续入明胶粉快速搅拌均匀。
3. 加入葡萄柚果肉及柳橙汁稍加搅拌，倒入杯中，待凉后放入冰箱冷藏至定型即可。

功效解读

葡萄柚低脂、高纤，含有丰富的叶酸、维生素A、维生素C等营养素，可促进胎儿神经系统发育；同时可使孕妈妈的皮肤和精神保持良好状态。

健脑核桃露

健脑益智 + 滋补养生

3 人份

材料：
核桃仁500克

调味料：
冰糖4大匙，玉米粉水10毫升

- 热量3932.0千卡
- 糖类 101.0克
- 蛋白质 76.5克
- 脂肪 358.0克
- 膳食纤维 27.5克

做法：
1. 将冰糖加600毫升水煮溶后过滤备用。
2. 将核桃仁放入烤箱，烤至褐黄色后取出。
3. 将核桃仁和冰糖水用破壁机打成液体，过筛滤去粗粒后煮滚，再加玉米粉水勾芡即可。

功效解读
核桃仁含有益于神经系统生长与发育的营养素，孕妈妈多食用，有助于促进胎儿脑部发育。

冰糖麦芽饮

促进消化 + 改善便秘

2 人份

材料：
麦芽30克

调味料：
冰糖1大匙

- 热量 40.0千卡
- 糖类 7.3克
- 蛋白质 1.4克
- 脂肪 0.5克
- 膳食纤维 0.4克

做法：
1. 将麦芽洗净，放入锅中，加800毫升水以大火煮开，转小火续煮15分钟。
2. 加入冰糖调匀。
3. 沥出汤汁即可。

功效解读
麦芽含有 B 族维生素、生物类黄酮、麦芽浸膏、麦角素和矿物质等营养素，能促进消化，改善孕妈妈便秘问题。

第二孕期（15~28周）养生饮品

127

枸杞子明目茶

材料:
枸杞子10克,水500毫升

调味料:
盐适量

● 热量 34.6千卡
● 糖类 7.3克
● 蛋白质 1.2克
● 脂肪 0.1克
● 膳食纤维 1.4克

做法:

❶ 将枸杞子快速冲洗后,沥干备用。

❷ 汤锅中加水,煮至沸腾后,放入枸杞子再度煮沸,转小火烹煮约3分钟即可熄火。

❸ 加盐调味或取其自然甜味饮用即可。

功效解读

本茶饮具有补充体力、保护视力、缓解疲劳的功效,并可改善孕妈妈腰膝酸软、头晕等症状,增强孕妈妈免疫力。

香油蜜茶

材料:
蜂蜜45克,温开水900毫升

调味料:
香油1.5大匙

● 热量 362.3千卡
● 糖类 36.7克
● 蛋白质 0.0克
● 脂肪 25.0克
● 膳食纤维 0.0克

做法:

❶ 将蜂蜜放入大碗中,边搅拌边将香油加入混合均匀。

❷ 将温开水缓慢加入大碗中,搅匀后即可。

功效解读

蜂蜜中的寡糖能促进肠道中的有益菌繁殖,帮助调整胃肠功能,有效增强肠道的抵抗力;香油能有效滋润肠道,改善排便不畅等症状。

促进胎儿发育 + 预防便秘

养生豆浆

6人份

材料：

黄豆300克

调味料：

白糖120克

- 热量 1710.9千卡
- 糖类 218.1克
- 蛋白质 107.7克
- 脂肪 45.3克
- 膳食纤维 47.4克

做法：

1. 将黄豆洗净，泡水3小时后取出沥干，放入豆浆机中，加1000毫升水搅打成浆。

2. 取一容器，将搅打而成的浆倒入纱布用力挤干，过滤黄豆渣，取豆浆备用。

3. 将豆浆以中火煮至滚沸，再小火续煮约10分钟，加白糖搅拌至溶化即可。

预防便秘 + 促进消化

红枣枸杞子黑豆浆

1人份

材料：

黑豆80克，黑芝麻40克，枸杞子、红枣各30克，糯米100克

- 热量 923.2千卡
- 糖类 140.7克
- 蛋白质 34.5克
- 脂肪 26.8克
- 膳食纤维 18.3克

做法：

1. 将所有材料洗净，放入温开水中浸泡半小时。

2. 将材料取出，全部放入豆浆机中，再加2杯开水打成浆状。

3. 将豆浆机中的浆汁倒入锅中，以大火煮熟即可。

功效解读

黄豆中含有人体所需多种氨基酸，能促进胎儿脑细胞的发育；黄豆中丰富的膳食纤维可促进肠道蠕动，预防便秘。

功效解读

黑豆浆富含膳食纤维，能促进肠道蠕动和消化；黑芝麻含有维生素E，可保持肠道健康，避免便秘，延缓衰老。

第二孕期（15~28周）养生饮品

腰果精力汤

材料：

熟腰果、冬瓜各20克，青豆10克，明日叶、菠萝、苜蓿芽、苹果各30克

- 热量 210.0千卡
- 糖类 22.9克
- 蛋白质 6.2克
- 脂肪 10.4克
- 膳食纤维 5.0克

调味料：

蜂蜜2小匙

做法：

1. 将所有材料洗净。明日叶切段；青豆略烫后沥干；冬瓜、菠萝、苹果切小块备用。
2. 将除熟腰果外的材料加入破壁机中略打碎。
3. 续入熟腰果和蜂蜜略搅拌，加入适量温开水，搅拌均匀即可饮用。

功效解读

腰果富含油脂，可润泽肌肤、延缓衰老、润肠通便；搭配蔬果，不仅利于控制体重，还能增强抵抗力、补脑养血。

酸奶葡萄汁

材料：

葡萄300克，原味酸奶200毫升，薄荷叶适量

- 热量 366.7千卡
- 糖类 75.1克
- 蛋白质 7.7克
- 脂肪 3.2克
- 膳食纤维 1.8克

调味料：

蜂蜜1/2小匙

做法：

1. 将葡萄洗净，去除蒂头后，和原味酸奶一并放入榨汁机中，以高速充分搅拌榨成汁。
2. 将榨好的酸奶葡萄汁用滤网滤渣后，加蜂蜜拌匀，放上薄荷叶作为装饰即可饮用。

功效解读

酸奶葡萄汁可增进食欲，促进胃肠蠕动，加速积存在肠道的废物排出，并有增强孕妈妈免疫力、预防感冒、补血养气的功效。

草莓乳霜

1 人份

材料：
草莓5颗，鲜奶100毫升，
乳酸菌饮料30毫升

- 热量 127.0千卡
- 糖类 17.6克
- 蛋白质 3.7克
- 脂肪 3.5克
- 膳食纤维 1.1克

调味料：
柠檬汁、蜂蜜各1小匙

做法：

1. 将草莓洗净，去除蒂头备用。

2. 将所有的材料和调味料放入榨汁机中，高速搅拌约5分钟，直到呈现乳霜状即可。

功效解读

　　草莓含有大量维生素 C，能促进铁质的吸收，不仅对胎儿的造血功能有帮助，并可增强孕妈妈的抗病能力，预防感冒。

莓果胡萝卜汁

1 人份

材料：
草莓5颗，胡萝卜半根

- 热量 79.4千卡
- 糖类 16.0克
- 蛋白质 1.5克
- 脂肪 0.4克
- 膳食纤维 2.7克

调味料：
柠檬汁、蜂蜜各1小匙

做法：

1. 将草莓洗净，去除蒂头；胡萝卜洗净，去皮，切块。

2. 将草莓、胡萝卜块、调味料放入榨汁机中打匀即可。

功效解读

　　此饮品含有多种果酸、维生素及矿物质，可预防贫血、增强体力，也有助于消化，还能使孕妈妈放松神经，提高睡眠质量。

第二孕期（15～28 周）养生饮品

131

第三孕期（29~40周）

饮食以清淡、营养为主，宜减少盐分摄取

食补重点

　　此时期孕妈妈的食欲增加，饮食应该以清淡、营养充足为主，注意减少盐分的摄取，以免加重孕妈妈四肢水肿的情形，引发妊娠高血压。

营养需求

　　第三孕期，孕妈妈应适当增加蛋白质、钙质及必需脂肪酸的摄取，且应适当限制碳水化合物和脂肪的摄取。

黑木耳
黑木耳的含铁量很高，具有养血、活血的作用

牛奶
牛奶含有稳定情绪的成分，能帮助孕妈妈减轻压力，改善失眠

燕麦
控制血糖水平，增强免疫力，舒缓压力，调节胆固醇水平

🍎 第三孕期要吃些什么？

❶富含蛋白质的食物：鸡蛋、鱼类、肉类、豆类、奶类等。

❷富含铁质的食物：瘦肉（红肉）、猪肝、猪血、牡蛎、贝类、黄豆、红豆、紫菜、海带、黑木耳、黑芝麻、坚果类、绿叶蔬菜等。

❸富含钙质的食物：牛奶、虾米、小鱼干、蛤蜊、牡蛎、黑豆、黄豆、毛豆、豆干、豆皮、芥菜、大头菜、圆白菜、黑芝麻、杏仁等。

❹富含维生素B_1的食物：牛奶、蛋黄、全麦食物、燕麦、动物内脏、肉类、鱼类、豆类、香菇、茄子、小白菜、黑木耳、坚果类、绿叶蔬菜等。

😊 为什么要这样吃？

❶第三孕期的孕妈妈摄取足够的蛋白质，可使产后乳汁分泌得多。另一方面，足量的蛋白质摄入能避免孕妈妈体力下降、胎儿生长迟缓。

❷日常饮食中缺乏铁质，不仅会造成孕妈妈贫血，还会使胎儿体内铁质的储存量相对减少，从而增加早产、胎儿出生时体重过轻的风险。

❸钙质对胎儿骨骼和牙齿的发育影响很大。第三孕期，随着胎儿的成长，需要供给的钙质大增，此时如果孕妈妈对钙质摄取不足，会因为缺钙而导致抽筋，甚至影响胎儿的发育。

❹维生素B_1摄取不足，易引起呕吐、

倦怠、无力等症状，还可能影响孕妈妈生产时子宫收缩，导致难产。

中医调理原则

❶ 怀孕晚期的饮食宜温热，不建议孕妈妈吃辛辣、燥热的食物，以健脾补气、滋补肝肾为主，有助于顺利生产。

❷ 临产时，孕妈妈不能过量服用补气药，如西洋参、人参等，否则易导致生产时出血过多，从而增加产程风险。

❸ 怀孕后期应控制体重的增加，有妊娠高血压或水肿症状的孕妈妈更要注意盐分的摄取。

❹ 有妊娠糖尿病或体重已增加太多的孕妈妈，则要控制糖分及热量的摄取，千万不可盲目进补或放任饮食。

孕期特征

❶ 第三孕期，除了胎儿体重迅速上升、胎动越来越频繁，需要特别注意的是，此阶段是胎儿各个部位（尤其是脑部）发育的重要时期。

❷ 在这一阶段，孕妈妈易出现下肢静脉曲张或会阴静脉曲张，常会出现背部酸痛、下肢水肿、行动不便等症状。

食疗目的

❶ 不仅能使胎儿的体重增加，还有益于胎儿各大组织的生长发育。

❷ 供给孕妈妈与胎儿充足的血红蛋白，并促进胎儿健康发育。

❸ 预防孕妈妈有小腿抽筋或牙齿受损的现象。

营养师小叮咛

❶ 饮食上应控制盐分的摄取，下肢有明显水肿及有妊娠高血压的孕妈妈，应避免食用咸肉、酱菜、榨菜等含盐量高的食物，也要避免食用罐头加工食品。

❷ 若胎儿体重不足，孕妈妈可多食用牛奶、豆浆、鱼肉、牛腱等低脂肪的食物，以增加胎儿的重量。

❸ 控制脂肪和碳水化合物的摄取量。孕妈妈的体重不宜过度增加，以免胎儿生长过大，影响顺利分娩。

❹ 维生素C容易因清洗和高温烹调而被破坏，故应尽量使用快速翻炒的方式烹调绿叶蔬菜。

❺ 韭菜、山楂等食物易造成子宫收缩，孕妈妈应避免大量食用。

营养需求表

孕妈妈每日营养素建议摄取量（《中国居民膳食营养素参考摄入量》）

营养素	每日建议摄取量
蛋白质	［体重（kg）×（1~1.2）］g＋10g
铁质	15mg＋30mg
钙质	1200mg
维生素B$_1$	1.1mg＋0.2mg

第三孕期（29~40周）营养师一周饮食建议

时间	早餐	午餐	点心	晚餐
Day 1	花生百合粥 p.138	滋补腰花饭 p.137 红豆白菜汤 p.173	香橙布丁 p.187	米饭1/2碗 干贝芦笋 p.145 红茄绿菠拌鸡丝 p.170
Day 2	鸡丁西蓝花粥 p.139	米饭3/4碗 香葱三文鱼 p.141 鲜笋沙拉 p.161	甜薯芝麻露 p.183	黄豆糙米饭 p.135 奶酪蔬菜鸡肉浓汤 p.174
Day 3	山药糙米粥 p.140	什锦圆白菜炒饭 p.137 玉米浓汤 p.173	蜂蜜草莓汁 p.192	米饭1/2碗 青豆虾仁蒸蛋 p.147 奶油焗白菜 p.169
Day 4	紫薯粥 p.140	米饭3/4碗 小黄瓜炒猪肝 p.148 姜丝炒冬瓜 p.164	核桃仁紫米粥 p.182	高纤养生饭 p.135 枸杞子炖猪心 p.179
Day 5	猪肝燕麦粥 p.139	米饭3/4碗 松子蒸鳕鱼 p.142 枸杞子炒金针菜 p.158	养身蔬果汁 p.191	米饭1/2碗 滑蛋牛肉 p.153 开洋西蓝花 p.162
Day 6	红枣茯苓粥 p.138	南瓜火腿炒饭 p.136 金针菜猪肝汤 p.176	木瓜银耳甜汤 p.185	米饭1/2碗 香煎虱目鱼 p.141 红茄杏鲍菇 p.166
Day 7	花生百合粥 p.138	米饭3/4碗 五彩墨鱼 p.145 蒜香红薯叶 p.168	樱桃牛奶 p.192	米饭1/2碗 鲜菇镶肉 p.151 蒜末豇豆 p.165

预防便秘 + 改善孕吐

黄豆糙米饭

材料：
黄豆50克，糙米200克

- 热量 920.0千卡
- 糖类 167.6克
- 蛋白质 33.8克
- 脂肪 12.8克
- 膳食纤维 14.5克

做法：

❶ 将黄豆洗净，浸泡8小时；将糙米洗净，浸泡4小时备用。

❷ 将泡好的黄豆和糙米加350毫升水，放入电饭锅中煮熟即可。

功效解读

糙米可促进胃肠蠕动，使孕妈妈避免便秘的困扰，且富含 B 族维生素，可提升新陈代谢，对孕吐等不适有改善作用。

缓解疲劳 + 预防便秘

高纤养生饭

材料：
小米20克，糯米70克，红枣30克，桂圆肉25克，红豆、葡萄干各15克

- 热量 649.9千卡
- 糖类 144.6克
- 蛋白质 13.8克
- 脂肪 1.8克
- 膳食纤维 6.2克

调味料：
黑糖20克

做法：

❶ 将红枣洗净，用水浸泡约1小时；红豆、糯米洗净，用水浸泡约4小时，沥干。

❷ 将所有材料放入电饭锅，加入100毫升水与黑糖。

❸ 按下开关，蒸至开关跳起后，再闷10分钟即可。

功效解读

此饭食含有丰富的维生素、蛋白质、糖类及镁、铁、钙、钾等矿物质，可补充体力、缓解疲劳，且其所含的膳食纤维有助于排便。

南瓜苹果饭

材料：

苹果丁、洋葱丝各250克，胡萝卜丝、四季豆各50克，南瓜丁200克，小香肠5根，大米500克，辣椒末10克

- 热量 2600.4千卡
- 糖类 15.6克
- 蛋白质 58.3克
- 脂肪 52.0克
- 膳食纤维 15.6克

调味料：

盐1/4小匙，胡椒粉适量，橄榄油2大匙

做法：

① 四季豆洗净，去筋，切段；小香肠斜切片。

② 热油锅，爆香洋葱丝，放入胡萝卜丝、小香肠片、苹果丁、南瓜丁、四季豆段炒软。

③ 倒入洗净的大米拌匀，加胡椒粉、辣椒末、盐和600毫升水，放入电饭锅煮熟即可。

功效解读

苹果可促进体内有害胆固醇的排出，其所含的有机酸类成分能促进胃肠蠕动，并和膳食纤维共同作用，有效改善孕妈妈便秘问题。

功效解读

南瓜含有丰富的果胶，可促进胃肠蠕动；其中的维生素 A、类胡萝卜素能改善皮肤粗糙的问题。此饭食有助于促进消化，维护肌肤健康。

南瓜火腿炒饭

材料：

米饭500克，南瓜240克，青豆仁、蒜酥各20克，火腿100克

- 热量 1435.2千卡
- 糖类 257.7克
- 蛋白质 40.4克
- 脂肪 27.0克
- 膳食纤维 8.9克

调味料：

盐1/4小匙，橄榄油1大匙

做法：

① 将南瓜洗净，去皮，去瓤，切小丁；火腿切小丁；青豆仁洗净备用。

② 热油锅，将南瓜丁、火腿丁、青豆仁及蒜酥爆香，加入米饭和盐翻炒均匀即可。

什锦圆白菜炒饭

材料：

香菇、虾米各10克，五花肉
50克，蒜苗5克，圆白菜
100克，米饭150克

- 热量 521.8千卡
- 糖类 67.3克
- 蛋白质 19.5克
- 脂肪 19.4克
- 膳食纤维 3.0克

调味料：

酱油1大匙，胡椒粉1小匙，
盐1/4小匙

做法：

❶ 将米饭外的材料洗净。香菇用水泡开，切
丝；蒜苗切段；圆白菜切片；五花肉切块。

❷ 将五花肉块用小火炒至半熟，放入香菇
丝、虾米、蒜苗段炒香，加入酱油调味。

❸ 加入米饭、圆白菜片翻炒，再以胡椒粉、
盐调味即可。

功效解读

圆白菜热量低，容易使人产生饱腹感；
其含有丰富的维生素 K 及膳食纤维，能有效
避免孕妈妈便秘，并预防贫血。

功效解读

猪肝有养血、明目的作用；猪腰能改善
盗汗、腰痛、失眠等症状。两者搭配食用，
具有补肝养血、增强体质的功效。

滋补腰花饭

材料：

猪肝、猪腰各60克，大米
80克，葱丝适量

- 热量 395.8千卡
- 糖类 64.6克
- 蛋白质 25.2克
- 脂肪 4.0克
- 膳食纤维 0.4克

调味料：

陈醋、香油、姜汁、米酒、白糖各适量

做法：

❶ 将猪肝、猪腰洗净，剔除筋膜，切成片状
备用。

❷ 将猪肝片、猪腰片放入开水中，快速汆烫后
捞出，拌入所有调味料，静置约10分钟。

❸ 将大米洗净，放入电饭锅中烹煮约10分
钟，再将汆烫好的猪肝片、猪腰片平铺在
饭上，焖煮至食材熟透，最后撒上葱丝点
缀即可。

花生百合粥

材料：
大米150克，小米30克，花生仁20克，干百合18克

- 热量 679.2千卡
- 糖类 127.6克
- 蛋白质 19.7克
- 脂肪 10.0克
- 膳食纤维 5.0克

调味料：
盐1/4小匙

做法：

❶ 将所有材料洗净。干百合泡水沥干；花生仁加水煮烂。

❷ 锅中加300毫升水，放入大米、小米煮开，再加入花生仁、百合，大火煮开后，转小火续煮至食材软烂，加盐调味即可。

功效解读

百合有清心润肺、开胃、安神等功效，且含微量元素，可缓解疲劳、增强免疫力，是适合孕妈妈食用的消暑粥品。

功效解读

红枣有补脾益胃、补血的作用；茯苓具有增强免疫力和自愈力的功效，可增强孕妈妈的自我修复能力，并能改善怀孕后期的水肿问题。

红枣茯苓粥

材料：
大米80克，红枣10颗，茯苓、鸡肉各20克

- 热量 441.6千卡
- 糖类 94.9克
- 蛋白质 12.5克
- 脂肪 1.4克
- 膳食纤维 18.9克

调味料：
盐1/4小匙

做法：

❶ 将鸡肉洗净，切丝；红枣洗净，去核备用。

❷ 将大米洗净放入锅中，加1000毫升水以中火煮开，再转小火续煮成粥。

❸ 将红枣、茯苓、鸡肉丝加入粥中，熬煮至红枣变软，加盐调味即可。

鸡丁西蓝花粥

1 人份

材料：

燕麦100克，鸡胸肉30克，西蓝花50克，红辣椒10克

- 热量 442.7千卡
- 糖类 66.8克
- 蛋白质 20.5克
- 脂肪 10.4克
- 膳食纤维 6.0克

调味料：

盐1/4小匙

做法：

❶ 将所有材料洗净。鸡胸肉切碎；西蓝花氽烫，切小块；红辣椒切丝备用。

❷ 将燕麦加300毫升水煮软，加盐调味。

❸ 把鸡肉碎放进粥中煮到变白色，加入西蓝花块、红辣椒丝煮熟即可。

功效解读

西蓝花含有丰富的胡萝卜素、B 族维生素、维生素 C、蛋白质及硒、钙等营养素，可增强孕妈妈抵抗力，还可维持胎儿牙齿及骨骼生长发育的需求。

功效解读

猪肝富含铁和维生素 A、维生素 B_1、维生素 B_2、维生素 B_{12} 等多种营养素。铁质是形成血红蛋白的必需物质，能预防孕妈妈怀孕期间缺铁性贫血的发生。

猪肝燕麦粥

2 人份

材料：

燕麦100克，胡萝卜10克，菠菜30克，猪肝100克

- 热量 464.8千卡
- 糖类 66.8克
- 蛋白质 23.9克
- 脂肪 11.4克
- 膳食纤维 5.7克

调味料：

盐1/4小匙

做法：

❶ 将所有材料洗净。菠菜、胡萝卜切碎；猪肝切薄片备用。

❷ 汤锅中放入燕麦，加250毫升水煮软，放入胡萝卜碎、猪肝片煮到变色，加入菠菜碎煮软，加盐调味即可。

第三孕期（29~40周）营养主食

山药糙米粥

材料：
山药40克，胡萝卜丁10克，糙米、大米各100克，葱花适量

● 热量 739.9千卡
● 糖类 157.8克
● 蛋白质 17.0克
● 脂肪 4.5克
● 膳食纤维 4.5克

调味料：
盐1/4小匙

做法：

❶ 将糙米、大米洗净，泡水1小时；将山药洗净，去皮，切小丁备用。

❷ 将山药丁、胡萝卜丁、糙米、大米、300毫升水放进锅里炖煮半小时，加盐调味，最后撒上葱花即可。

功效解读

山药富含蛋白质，其中的消化酶极易被人体吸收，能帮助孕妈妈缓解疲劳、提振精神；多吃糙米，还可改善痔疮和便秘等问题。

功效解读

紫薯含有蛋白质、多种维生素和矿物质，可以健脾养胃、益气通乳，还能改善皮肤干燥的问题。

紫薯粥

材料：
紫薯200克，大米90克

● 热量 492.0千卡
● 糖类 118.9克
● 蛋白质 8.0克
● 脂肪 1.3克
● 膳食纤维 5.0克

做法：

❶ 将大米洗净；紫薯洗净，削皮，切块备用。

❷ 大米入锅，加900毫升水，煮开后转小火。

❸ 放入紫薯块，续煮约20分钟至熟烂即可。

稳定情绪 + 保护视力

香葱三文鱼

2 人份

材料：
葱段、葱丝各10克，三文鱼250克，蒜末5克，高汤50毫升

- 热量 573.0千卡
- 糖类 2.2克
- 蛋白质 49.9克
- 脂肪 40.5克
- 膳食纤维 0.7克

调味料：
酱油1大匙

做法：
1. 将蒜末、酱油、高汤拌匀，成为酱汁备用。
2. 三文鱼洗净，切块；放入蒸盘，摆上葱段，淋上酱汁。
3. 在做法2的食材上铺上葱丝，以大火蒸15分钟即可。

功效解读

三文鱼富含维生素 A，能保护视力；三文鱼中的 B 族维生素可稳定情绪。此料理有助于孕妈妈预防皮肤、头发干燥的情况，可避免感冒症状的发生。

有益胎儿视力发育 + 强健骨骼

香煎虱目鱼

2 人份

材料：
虱目鱼200克

- 热量 388.6千卡
- 糖类 0.0克
- 蛋白质 43.6克
- 脂肪 23.8克
- 膳食纤维 0.0克

调味料：
盐1/4小匙，米酒1小匙，柠檬片5片，食用油适量

做法：
1. 将虱目鱼处理干净，抹上盐和米酒，腌渍30分钟备用。
2. 平底锅加热放食用油，虱目鱼肚皮朝上入锅，盖上锅盖，用中小火慢慢煎至金黄色后翻面。
3. 续煎至熟盛盘，将柠檬片放在鱼肚上点缀即可。

功效解读

虱目鱼含有蛋白质、氨基酸、EPA 和 DHA 等营养素，可促进胎儿视力的发育，并可强健骨骼。

松子蒸鳕鱼

3
人份

材料：
鳕鱼150克，杏仁15克，核桃仁、松子仁各25克，葱花、蒜末、姜片各适量

- 热量 883.6千卡
- 糖类 17.1克
- 蛋白质 33.7克
- 脂肪 75.6克
- 膳食纤维 7.9克

调味料：
橄榄油1大匙，盐、酱油、米酒各适量

做法：

1. 将鳕鱼洗净，在鳕鱼两面均匀地抹盐，淋上米酒，摆上姜片，放入蒸锅蒸熟。
2. 热油锅，爆香葱花、蒜末，放入核桃仁、松子仁、杏仁、盐，以小火翻炒。
3. 把做法❷的材料浇在蒸熟的鳕鱼上，淋上酱油即可。

功效解读

核桃仁可补脑；松子仁能增强体力、缓解疲劳；杏仁可止咳化痰、润肺下气。此料理具有滋补肝肾、润肠通便的功效。

功效解读

枸杞子可改善贫血、缓解疲劳；鳕鱼中的蛋白质含量高且易吸收，所含 DHA、EPA 等营养素丰富。适量食用鳕鱼能促进胎儿脑部、肝脏及心脏的发育。

红杞白芷蒸鳕鱼

3
人份

材料：
鳕鱼150克，枸杞子10克，白芷25克，葱丝、姜丝各适量

- 热量 284.7千卡
- 糖类 8.8克
- 蛋白质 23.4克
- 脂肪 17.3克
- 膳食纤维 1.4克

调味料：
酱油1小匙

做法：

1. 将鳕鱼洗净；枸杞子、白芷洗净，白芷泡热水15分钟后切细丝备用。
2. 将白芷丝铺在盘底，摆上鳕鱼、姜丝、枸杞子，放入蒸锅中蒸熟。
3. 撒上葱丝，淋上酱油即可。

豆酥鳕鱼

2 人份

材料:
鳕鱼片300克,豆酥50克,葱1根、蒜末、香菜各适量

- 热量 706.6千卡
- 糖类 38.5克
- 蛋白质 67.4克
- 脂肪 31.5克
- 膳食纤维 0.8克

调味料:
白糖、米酒、豆瓣酱、白胡椒粉各1小匙,橄榄油1大匙

做法:

1. 将鳕鱼片洗净,放入蒸锅中蒸熟,取出摆盘。
2. 将葱洗净,切葱花,备用。
3. 热油锅,将葱花、蒜末、豆酥炒香,再加入所有调味料炒至香酥,淋在鳕鱼片上,放上香菜叶装饰即可。

功效解读

鳕鱼富含可被人体快速吸收的氨基酸;鳕鱼中的DHA是胎儿脑部发育的重要成分;其所含的维生素D可促进钙吸收,提供胎儿骨骼、牙齿发育所需的养分。

功效解读

鳕鱼是高蛋白食物,也含有人体必需的维生素A、维生素D、维生素E,以及其他多种维生素;鳕鱼中的油脂含量较高,且多为不饱和脂肪酸,能够有效润滑肠道,预防便秘。

奶汁鳕鱼

2 人份

材料:
鳕鱼200克,土豆40克,洋葱、胡萝卜各30克,红葱头10克,脱脂鲜奶1杯,奶油2小匙

- 热量 561.7千卡
- 糖类 28.7克
- 蛋白质 39.9克
- 脂肪 31.9克
- 膳食纤维 2.2克

调味料:
盐、胡椒粉、面粉各适量

做法:

1. 鳕鱼洗净,切块;洋葱洗净,切片;土豆、胡萝卜去皮,切块;红葱头洗净,切碎。
2. 奶油入炒锅溶化,放入红葱头碎炒香,陆续加入洋葱片、土豆块、胡萝卜块略炒。
3. 将鳕鱼块蘸适量面粉,略煎后放入做法❷的食材、脱脂鲜奶及2/3杯水,以小火煮10分钟,续入盐、胡椒粉调味即可。

香酥牡蛎煎

2
人份

材料：

牡蛎肉16个，茼蒿4株，鸡蛋2个

- 热量 767.1千卡
- 糖类 93.4克
- 蛋白质 31.1克
- 脂肪 29.9克
- 膳食纤维 3.4克

调味料：

甜辣酱、橄榄油各1大匙，水淀粉6大匙，白胡椒粉适量

做法：

1. 将牡蛎肉洗净，沥干；茼蒿洗净，切小段备用；将水淀粉、白胡椒粉搅拌均匀。

2. 热油锅，将牡蛎肉及3大匙水淀粉倒入，鸡蛋打散入锅，再铺放茼蒿段。

3. 等水淀粉呈透明状，翻面续煎至茼蒿段和鸡蛋变熟，淋上甜辣酱即可。

功效解读

牡蛎具有滋阴养血、强身健体、安神健脑等多种作用。此菜能强化孕妈妈的体质，增强免疫力。

功效解读

鱿鱼的脂肪含量少，且热量极低；鱿鱼中的 B 族维生素可改善贫血，保护脑力。但因其含有诱发皮肤瘙痒的物质，过敏体质的孕妈妈应慎食。

椒盐鲜鱿鱼

4
人份

材料：

新鲜鱿鱼400克，鸡蛋1个，面粉200克，蒜5瓣，香菜段5克，洋葱块、黄甜椒块、红甜椒块、青椒块各20克，辣椒适量

- 热量 1526.4千卡
- 糖类 240.3克
- 蛋白质 85.9克
- 脂肪 24.7克
- 膳食纤维 7.6克

调味料：

盐1/4小匙，橄榄油适量

做法：

1. 将鸡蛋打散；鱿鱼洗净，切块，加鸡蛋液和盐抓匀，裹面粉后放入油锅中炸熟。蒜剥皮，切片；辣椒洗净，切末。

2. 热油锅，爆香洋葱块，续入黄甜椒块、红甜椒块、青椒块快炒，放入鱿鱼块略拌，撒上蒜片、辣椒末、香菜段即可。

干贝芦笋

材料：

生干贝、蘑菇各20克，芦笋100克，葱1根，辣椒片适量

- 热量 284.1千卡
- 糖类 9.5克
- 蛋白质 15.4克
- 脂肪 20.5克
- 膳食纤维 2.4克

调味料：

盐1/4小匙，食用油1大匙

做法：

❶ 所有材料洗净。芦笋去外皮，切成小段；葱切末；蘑菇切片，以开水略烫备用。

❷ 热锅加入食用油，爆香葱末、辣椒片，放入生干贝、芦笋段翻炒，加蘑菇片，以大火略炒，加盐调味即可。

功效解读

芦笋中的叶酸含量丰富，而叶酸是胎儿脑神经发育的重要营养素，也是造血的重要元素，适合孕妈妈多加补充。

功效解读

青辣椒含维生素 A、维生素 K 及有助于造血的铁；甜椒中的维生素 C 可活化胎儿脑细胞。经常食用此菜，能促进孕妈妈铁质的吸收，并可增强抵抗力。

五彩墨鱼

材料：

洋葱条、青辣椒条各10克，墨鱼100克，红甜椒条、黄甜椒条、西芹段各20克，香菜叶适量

- 热量 164.8千卡
- 糖类 6.0克
- 蛋白质 11.6克
- 脂肪 10.5克
- 膳食纤维 1.6克

调味料：

盐1/4小匙，橄榄油1大匙

做法：

❶ 将所有材料洗净；墨鱼切花备用。

❷ 热油锅，放入墨鱼花和除香菜外的所有材料，以大火快炒，加盐调味，盛盘后放上香菜叶作为装饰即可。

松子香芒炒虾仁

材料：
松子仁5克，芒果1个，青椒50克，虾仁100克，蒜末1小匙，蛋清1/2小匙

- 热量 651.0千卡
- 糖类 92.0克
- 蛋白质 28.0克
- 脂肪 20.4克
- 膳食纤维 7.7克

调味料：
白糖1/2小匙，盐、白醋各1/4小匙，胡椒粉适量，橄榄油2小匙

做法：

1. 将松子仁放入烤箱，烘烤至外表呈金黄色取出；芒果去皮，切块；青椒洗净，切块；虾仁去肠泥，洗净沥干，拌入蛋清、胡椒粉，静置约20分钟备用。
2. 热油锅，爆香蒜末，放入虾仁、青椒块和盐、白醋、白糖炒匀，加入芒果块和松子仁拌匀。

功效解读

松子具有补脑的功效，有益于孕妈妈增强体力、缓解疲劳，对于增强免疫功能也有很好的作用。

功效解读

韭黄属温性食物，有健胃、提神、暖肾的功效；羊肝含有锌，能益血、补肝、明目。这道菜肴可养肝明目、温补肾阳。

韭黄炒羊肝

材料：
韭黄150克，羊肝50克，葱末、姜末各适量

- 热量 230.9千卡
- 糖类 8.2克
- 蛋白质 11.1克
- 脂肪 17.1克
- 膳食纤维 2.6克

调味料：
橄榄油、酱油各1小匙，淀粉1/2小匙，盐适量

做法：

1. 将韭黄洗净，切段；羊肝洗净，切片，加入酱油、淀粉拌匀，静置约10分钟。
2. 热油锅，加入羊肝片炒至变色，然后放入韭黄段、葱末、姜末一起翻炒。
3. 加盐调味，拌匀即可。

青豆虾仁蒸蛋

材料：
鸡蛋2个，虾仁5只，青豆30克

- 热量 475.2千卡
- 糖类 9.5克
- 蛋白质 79.8克
- 脂肪 13.1克
- 膳食纤维 2.8克

调味料：
盐适量

做法：

1. 鸡蛋打散，以1：2的比例将蛋液和水混合后加盐，过滤蛋泡再放入蒸杯中。
2. 虾仁挑去肠泥，洗净；青豆洗净备用。
3. 锅内加水1杯，放入蒸杯，盖上盖子留一小缝，蒸约5分钟；摆上虾仁及青豆，续以小火蒸约10分钟即可。

功效解读

虾中的锌是胎儿发育所需的重要营养素；鸡蛋中的卵磷脂被胃肠吸收之后，可以促进细胞的代谢，具有活化细胞、抗衰老的功效。

功效解读

小黄瓜和竹笋中含有丰富的维生素C，可促进体内胶原蛋白的形成，增加肌肤弹性，预防妊娠纹。

黄瓜嫩笋拌虾仁

材料：
小黄瓜70克，虾仁100克，竹笋30克，葱1/2根，姜1片

- 热量 164.2千卡
- 糖类 2.9克
- 蛋白质 13.6克
- 脂肪 10.6克
- 膳食纤维 1.3克

调味料：
橄榄油2小匙，米酒、酱油各1小匙，水淀粉1/2小匙

做法：

1. 所有材料洗净。小黄瓜、竹笋切块；虾仁去肠泥；葱、姜切末。
2. 热油锅，爆香葱末、姜末，加虾仁、竹笋块和小黄瓜块，翻炒至熟。
3. 放入米酒、酱油略炒，最后加水淀粉勾芡，拌匀即可。

洋葱香炒猪肝

材料：

猪肝300克，洋葱80克，枸杞子10克，黄豆芽20克，葱2根，蒜末适量

- 热量 754.9千卡
- 糖类 31.2克
- 蛋白质 69.0克
- 脂肪 39.3克
- 膳食纤维 4.1克

调味料：

淀粉、橄榄油各2大匙，盐、陈醋各1小匙，香油适量

做法：

1. 洗净所有材料。猪肝切片，加香油、淀粉、盐略腌；枸杞子泡软；洋葱切丝；葱切段。

2. 热油锅，用中火将猪肝片炒熟，捞出沥油。

3. 锅内留下1大匙油，以中火炒香洋葱丝、葱段、蒜末，加盐调味，续入猪肝片、黄豆芽、枸杞子快炒，淋上陈醋、香油即可。

功效解读

洋葱中的维生素C、钾、钙、磷的含量丰富，有利于增强孕妈妈的免疫力，可调节血脂，并可预防骨质的流失。

功效解读

小黄瓜有清热、利尿的作用；猪肝可养肝、补血、明目。这道菜具有清热解毒、养肝明目的功效。

小黄瓜炒猪肝

材料：

小黄瓜300克，猪肝170克，姜片、红辣椒片各适量

- 热量 454.9千卡
- 糖类 13.5克
- 蛋白质 51.7克
- 脂肪 21.6克
- 膳食纤维 8.8克

调味料：

酱油1大匙，盐、米酒、淀粉各适量，橄榄油1小匙

做法：

1. 将小黄瓜洗净，切片；猪肝洗净，切片，拌入米酒、酱油、淀粉腌渍到入味。

2. 热油锅，爆香姜片、红辣椒片，放入小黄瓜片、猪肝片一起翻炒。

3. 加盐调味，拌匀即可。

香煎牛肝酱

材料：
牛肝400克，饼干数片，蒜末、姜片、黄油各50克

- 热量 1184.5千卡
- 糖类 44.0克
- 蛋白质 81.9克
- 脂肪 75.7克
- 膳食纤维 2.0克

调味料：
橄榄油、淀粉各1大匙，盐1小匙，香蒜粉、茴香粉各5克，黑胡椒粉、香菜叶各适量

做法：

1. 将牛肝洗净，切小块，浸水，取出备用。
2. 热油锅，放入姜片、蒜末和牛肝块，以小火炒10分钟，起锅沥油。
3. 将做法②的食材和剩余调味料放入料理机绞成泥，加入黄油拌匀，倒入模具中置于冰箱冷藏；食用前用平底锅煎成金黄色，铺在饼干上，放上香菜叶装饰即可。

功效解读

牛肝营养丰富，含有多种氨基酸，能促进胎儿肌肉生长；其中的铁可预防贫血；其中丰富的 B 族维生素有助于促进新陈代谢。

功效解读

猪肉有增强体力、缓解疲劳、促进代谢等多重功效；茼蒿具有调节血压、醒脑的作用。适量食用这道料理，有益于孕妈妈的身体健康。

茼蒿炒肉丝

材料：
猪肉75克，茼蒿125克，蒜3瓣，辣椒1/2个

- 热量 202.9千卡
- 糖类 4.3克
- 蛋白质 17.8克
- 脂肪 12.7克
- 膳食纤维 2.0克

调味料：
橄榄油2小匙，盐1/4小匙

做法：

1. 将所有材料洗净。猪肉切丝；蒜剥皮，切末；辣椒切末；茼蒿切段。
2. 热油锅，爆香蒜末和辣椒末，加入猪肉丝和茼蒿段一起翻炒。
3. 加盐调味即可。

第三孕期（29~40 周）元气²料理

利水消肿 + 润肠通便

冬瓜烩排骨

4人份

材料：
冬瓜200克，排骨300克，蒜20瓣，葱1根

● 热量 1711.3千卡
● 糖类 174.8克
● 蛋白质 55.8克
● 脂肪 87.7克
● 膳食纤维 3.1克

调味料：

a 盐1/4小匙，酱油、水淀粉各1大匙

b 橄榄油适量，红薯粉200克

做法：

❶ 将所有材料洗净。葱切段；蒜剥皮，拍碎；冬瓜去皮，切块；排骨切块。

❷ 将排骨块蘸红薯粉后，放入油锅炸熟。

❸ 将排骨块、冬瓜块、蒜末、葱段，放蒸盘蒸20分钟后，将冬瓜的汤汁倒出，再将调味料 a 淋上即可。

功效解读

　　冬瓜热量及含钠量低，有生津止渴、清胃降火的功效，能改善孕妈妈水肿；且其富含膳食纤维，可润肠通便。

功效解读

　　香梨含有维生素 A 及胡萝卜素，是很好的抗氧化食物，同时富含果胶，能帮助消化，促进胃肠蠕动，有效改善孕期便秘问题。

抗氧化 + 助消化

香梨烧肉

2人份

材料：
猪瘦肉100克，香梨50克，白芝麻1小匙，蒜2瓣，葱2根

● 热量 329.8千卡
● 糖类 14.2克
● 蛋白质 21.9克
● 脂肪 20.6克
● 膳食纤维 1.6克

调味料：
橄榄油、酱油各1大匙，白糖1小匙

做法：

❶ 猪瘦肉洗净，切片；水梨洗净，去皮，去核，果肉打成泥；葱洗净，切末；蒜剥皮，切末。

❷ 将水梨泥和猪肉片拌匀，腌渍约5分钟后，加入酱油、白糖和蒜末，再腌渍约30分钟。

❸ 热油锅，放入猪肉片煎熟，撒上白芝麻和葱末即可。

鲜菇镶肉

2 人份

材料：
胡萝卜15克，猪肉馅200克，鸡蛋1个，香菇6朵，葱1根

调味料：
盐2小匙，白糖、米酒各1小匙，水淀粉3大匙，淀粉适量

- 热量 412.5千卡
- 糖类 23.2克
- 蛋白质 53.5克
- 脂肪 11.8克
- 膳食纤维 6.5克

做法：

① 将香菇洗净，去蒂，里面抹上淀粉；鸡蛋取蛋清；胡萝卜、葱洗净，切末。

② 猪肉馅加入胡萝卜末、葱末、蛋清、1小匙盐、米酒拌匀，均匀地镶入香菇中，摆盘后放入蒸笼蒸约5分钟，取出。

③ 锅中加1小匙盐、白糖和水淀粉，以小火煮成芡汁，淋在做法②的食材上即可。

功效解读

　　香菇含有一般蔬菜所缺乏的维生素 D，可增强抵抗力，促进骨骼和牙齿的发育，并能改善高血压，还具有抗癌、抑制病毒的作用。

功效解读

　　羊肉可以补虚劳、益气血，缓解孕妈妈四肢不温、体力不佳的症状；同时，羊肉富含维生素 B_{12} 和铁，可预防贫血。

羊小排佐薄荷酱

1 人份

材料：
羊小排200克，奶油2大匙

调味料：
a 酱油3大匙，陈醋1小匙
b 薄荷叶12克，肉桂10克，蒜末30克，红酒1大匙

- 热量 654.5千卡
- 糖类 0.5克
- 蛋白质 37.6克
- 脂肪 56.0克
- 膳食纤维 0.0克

做法：

① 将羊小排洗净，加入调味料a，腌40分钟。

② 热锅加入奶油，将羊小排放入锅中，每面煎约3分钟，至表皮香酥。

③ 取出羊小排，放入已预热的烤箱中，以230℃烤约3分钟。食用前淋上调味料b即可。

橘香煎牛排

4
人份

材料：

橘子600克，牛排200克，柳橙皮丝10克

● 热量 1108.0千卡
● 糖类 91.7克
● 蛋白质 16.2克
● 脂肪 78.0克
● 膳食纤维 10.4克

调味料：

橙醋、白糖各2大匙，橄榄油1小匙

做法：

❶ 将橘子去皮，果肉榨汁备用。

❷ 热油锅，将牛排煎至5分熟。

❸ 加入白糖和橙醋一起煎至8分熟，淋入橘子汁，撒上柳橙皮丝即可。

功效解读

牛肉富含铁、维生素 B$_{12}$，对加强造血功能非常重要，且能促进人体的新陈代谢，进而供给身体能量，以缓解疲劳。

洋葱牛小排

4
人份

材料：

去骨牛小排600克，洋葱1/2个

● 热量 2386.7千卡
● 糖类 15.3克
● 蛋白质 71.5克
● 脂肪 226.6克
● 膳食纤维 1.6克

调味料：

橄榄油、酱油各3大匙，冰糖1小匙，黑胡椒粉适量

做法：

❶ 将洋葱洗净，去皮，与牛小排均切成细条。

❷ 热油锅，以中火将洋葱条炒至金黄微焦；另起一锅，放入油，将牛小排条煎至7分熟备用。

❸ 将做法❷的食材放入锅中翻炒，加入调味料，炒至牛小排条9分熟即可。

功效解读

洋葱含有硫化合物，能防止血小板凝集，改善大脑供血，预防血栓形成，也能缓解紧张情绪和疲劳感。

滑蛋牛肉

 3 人份

材料：
鸡蛋5个，牛肉150克，葱花30克，香菜叶适量

- 热量 1605.5千卡
- 糖类 3.7克
- 蛋白质 56.0克
- 脂肪 151.9克
- 膳食纤维 0.8克

调味料：
a 盐1/4小匙，橄榄油3大匙
b 米酒、酱油各1大匙，淀粉1小匙，水15毫升

做法：

❶ 牛肉洗净，切片，用调味料b腌20分钟。

❷ 鸡蛋打散，加盐打匀，放入葱花搅匀备用。

❸ 热油锅，将牛肉片以大火过油，至8分熟时捞出沥干，并放进蛋汁中搅拌均匀。

❹ 锅中留1大匙油烧热，倒入做法❸的食材，用铲子在锅中转圈滑动，炒至蛋液8分熟，盛盘后放上香菜叶装饰即可。

功效解读

牛肉可预防贫血，维持脑部功能正常，增强身体免疫力。怀孕中后期食用牛肉，可调节激素分泌，补气强身。

阳桃牛肉

2 人份

材料：
牛肉75克，阳桃100克，葱1根，辣椒1/2根

- 热量 419.4千卡
- 糖类 8.6克
- 蛋白质 11.9克
- 脂肪 37.5克
- 膳食纤维 1.1克

调味料：
橄榄油1大匙，酱油1小匙，盐1/4小匙

做法：

❶ 将所有材料洗净。阳桃榨汁；牛肉切薄片，用酱油和1小匙水腌渍15分钟；葱切段；辣椒切片。

❷ 热油锅，爆香葱段、辣椒片，加入牛肉片炒至8分熟。

❸ 加盐和阳桃汁，略炒即可。

功效解读

阳桃含有对孕妈妈健康有益的多种成分，能减少身体对脂肪的吸收，预防肥胖，同时能保护肝脏、降低血糖。

红烧牛肉

材料：
牛腿肉150克，姜10克，上海青50克，葱20克，胡萝卜、山药各50克

● 热量 474.5千卡
● 糖类 23.7克
● 蛋白质 33.5克
● 脂肪 27.3克
● 膳食纤维 4.9克

调味料：
酱油膏1小匙，白糖2小匙，橄榄油1大匙

做法：

❶ 将所有材料洗净。牛腿肉切小条；胡萝卜、山药去皮，切花片，分别氽烫备用；姜、葱切末。

❷ 热油锅，爆香葱末、姜末，将调味料加入略炒，并放入其余食材略煮，再加1/2杯水烧煮至收汁即可。

功效解读

　　牛肉能增强身体的抵抗力，且富含铁，具有补血功效；山药含有多种氨基酸及植化素，能滋补养身、促进消化。

功效解读

　　在所有肉类中，牛肉所含的铁质相当丰富。对于容易贫血的孕妈妈来说，牛肉是补充铁质的极佳选择。

牛肉炒豆腐

材料：
洋葱10克，牛肉片、豆腐、魔芋丝各40克

● 热量 183.4千卡
● 糖类 3.9克
● 蛋白质 10.4克
● 脂肪 14.0克
● 膳食纤维 2.2克

调味料：
橄榄油2小匙，酱油、米酒各1小匙

做法：

❶ 将洋葱洗净，切丝；豆腐切块。

❷ 热油锅，放入豆腐块，两面煎至金黄色。

❸ 将酱油、米酒倒入锅中，以小火煮开，加入牛肉片、洋葱丝、豆腐块、魔芋丝煮熟即可。

预防贫血＋强化体质

红烧蘑菇香鸡

2 人份

材料：

鸡腿2只，蘑菇200克，罗勒叶8片，姜末、蒜末各适量

● 热量 958.2千卡
● 糖类 9.2克
● 蛋白质 97.2克
● 脂肪 56.7克
● 膳食纤维 3.6克

调味料：

盐、胡椒粉各适量，陈醋5小匙，酱油2小匙，橄榄油3小匙

做法：

1 将蘑菇洗净，切丁；鸡腿洗净，切块，均匀地抹上一层盐和胡椒粉，静置约20分钟。

2 热油锅，将鸡腿块煎到逼出油脂后取出；续用同一锅，爆香姜末、蒜末、陈醋后，放入鸡腿块和蘑菇丁翻炒。

3 放入酱油，转小火续煮半小时，盛盘后放上罗勒叶装饰即可。

功效解读

鸡肉是优质蛋白质的良好来源之一，可强化体质，促进肌肉生长；其所含丰富的铁质可改善贫血。

消暑明目＋排毒养颜

菠萝苦瓜鸡

4 人份

材料：

菠萝100克，苦瓜500克，鸡腿2只，腌冬瓜50克，姜6片

● 热量 835.4千卡
● 糖类 30.1克
● 蛋白质 147.7克
● 脂肪 13.8克
● 膳食纤维 10.9克

调味料：

盐1/4小匙

做法：

1 将苦瓜剖开，去籽，洗净，切块；菠萝去皮，洗净，切成和苦瓜大小相同的块状备用。

2 将鸡腿切小块，用热水氽烫后洗净备用。

3 将所有材料放入锅中，加1200毫升水，大火煮开，转小火煮约2小时，加盐调味即可。

功效解读

苦瓜的营养成分包括蛋白质、膳食纤维等，其维生素C的含量尤其丰富，孕妈妈常吃，有解热、消暑、明目、解毒的功效。

第三孕期（29～40周）元气料理

香烤鸡肉饼

材料:
鸡胸肉150克,青葱1/2根,蒜末、香菜各5克,鸡蛋1个,葱丝适量

- 热量 251.9千卡
- 糖类 0.9克
- 蛋白质 42.6克
- 脂肪 8.6克
- 膳食纤维 0.4克

调味料:
盐1/4小匙,胡椒粉适量

做法:

❶ 将所有材料洗净。鸡胸肉剁碎;青葱、香菜切末;鸡蛋打散成蛋液。

❷ 将鸡胸肉碎、青葱末、香菜末、蒜末和调味料拌匀,淋上打匀的蛋液,放入已预热的烤箱中,以200℃烤约40分钟,放上葱丝装饰即可。

功效解读

鸡肉为理想的蛋白质来源,是怀孕后期女性兼顾营养补充和体重控制的食材;其富含 B 族维生素,具有缓解疲劳、保护皮肤的作用。

功效解读

鸡肉富含蛋白质、多种氨基酸、维生素 A、维生素 C;而且脂肪含量低,其中大部分为不饱和脂肪酸,是孕期补充营养的好食材,有助于增强体力、强壮身体。

元气鸡肉饼

材料:
鸡肉末250克,面包粉50克,胡萝卜泥150克,姜泥10克,蛋黄1个,欧芹叶、小番茄块各适量

- 热量 777.5千卡
- 糖类 51.5克
- 蛋白质 69.0克
- 脂肪 32.9克
- 膳食纤维 5.1克

调味料:
盐1小匙,酱油、红薯粉各1大匙,米酒1/2小匙,橄榄油1.5大匙

做法:

❶ 橄榄油以外的调味料拌匀备用。将除小番茄块和欧芹叶外的材料搅拌均匀,再将调味料分3次倒入材料中。

❷ 将做法❶的食材揉搓至有黏性后,制成8份圆形肉饼。取平底锅热油,将肉饼分批煎熟,装盘时放上小番茄块和欧芹叶装饰。

芋香鸭肉煲

材料：
鸭肉300克，芋头100克，
姜片20克

● 热量 621.2千卡
● 糖类 26.4克
● 蛋白质 65.2克
● 脂肪 28.3克
● 膳食纤维 2.3克

调味料：
盐1/4小匙，橄榄油2大匙

做法：

❶ 将鸭肉洗净，剁块，放入开水汆烫捞出。

❷ 将芋头洗净，去皮，切块备用。

❸ 热油锅，将芋头块以小火炸至表面酥脆，捞出沥干。

❹ 用余油略炒姜片、鸭肉块，盛出。

❺ 将芋头块、鸭肉块、600毫升水和盐放入锅中煮熟，食用前捞出浮油及姜片即可。

功效解读

　　鸭肉属于 B 族维生素、维生素 E 含量较多的肉类，且钾、铁、铜、锌等营养素含量丰富，能利尿消肿，改善孕妈妈身体的不适症状。

功效解读

　　柳橙含有丰富的维生素 C，可强化血管功能，增强孕妈妈的体力，缓解疲劳，并能促进铁质的吸收，增强抗病能力。

橙汁鸭胸肉

材料：
鸭胸肉200克，柳橙片10片，香菜叶少许

● 热量 245.6千卡
● 糖类 8.7克
● 蛋白质 41.8克
● 脂肪 4.8克
● 膳食纤维 0.0克

调味料：
柳橙汁、橄榄油各2大匙，白糖适量

做法：

❶ 将鸭胸肉洗净，在皮面上切交叉斜刀，勿切断。

❷ 热油锅，将鸭胸肉皮面朝上，以小火煎至金黄色后，翻面煎熟；起锅，将鸭胸肉切成片状摆盘。

❸ 将柳橙汁、白糖、柳橙片，以小火煮至浓稠，淋在鸭胸肉片上，加香菜叶装饰即可。

第三孕期（29~40 周）元气料理

高铁养血 + 利水消肿

枸杞子炒金针菜

2人份

材料:
枸杞子20克, 新鲜金针菜200克, 姜丝10克

- 热量 320.9千卡
- 糖类 27.0克
- 蛋白质 6.1克
- 脂肪 21.0克
- 膳食纤维 7.9克

调味料:
盐1/4小匙, 橄榄油1大匙

做法:

❶ 将枸杞子洗净, 泡软备用。

❷ 将新鲜金针菜去蒂, 洗净, 开水氽烫后捞出, 浸泡在水中1小时, 备用。

❸ 热油锅, 爆香姜丝, 放入枸杞子、金针菜翻炒, 加盐调味即可。

功效解读

金针菜的铁质含量很高, 是非常适合孕妈妈补血的食材, 亦能加强脏腑功能, 具有利尿、止血、消肿等功效。

利尿消肿 + 补血安神

凉拌金针菜

3人份

材料:
新鲜金针菜300克

- 热量 163.1千卡
- 糖类 18.7克
- 蛋白质 5.4克
- 脂肪 8.7克
- 膳食纤维 7.5克

调味料:
橄榄油、白醋各1/2大匙, 盐1/4小匙, 白芝麻适量

做法:

❶ 将所有调味料拌匀做成酱汁, 放入冰箱冰镇。

❷ 金针菜洗净, 氽烫, 泡冰水冰镇后沥干。

❸ 将金针菜码放在盘中, 淋上酱汁即可。

功效解读

金针菜含有丰富的钙、铁、蛋白质, 具有补血安神、利尿消肿、促进胆固醇代谢、强化脏腑功能的功效, 很适合孕妈妈食用。

金针菜烩丝瓜

材料：
干金针菜20克，丝瓜条300克，虾米5克

- 热量 208.8千卡
- 糖类 14.9克
- 蛋白质 6.2克
- 脂肪 13.8克
- 膳食纤维 2.3克

调味料：
盐适量，米酒、香油各1/2小匙，橄榄油、淀粉各2小匙

做法：
1 将干金针菜洗净，汆烫后捞出备用。
2 热油锅，加虾米炒香。
3 续入丝瓜条、1/4杯水一同烧煮。
4 加入金针菜及所有调味料煮滚即可。

功效解读

丝瓜水分含量高，且富含维生素 C，可增强免疫力；丝瓜中的皂苷有止咳化痰的作用。金针菜具有利尿、止血、消肿等功效。

肉末炒丝瓜

材料：
丝瓜250克，猪肉末50克，姜20克，蒜1瓣

- 热量 196.9千卡
- 糖类 12.2克
- 蛋白质 12.9克
- 脂肪 12.0克
- 膳食纤维 1.8克

调味料：
低钠酱油2小匙，胡椒粉1/6小匙，白糖1/4小匙，橄榄油2小匙

做法：
1 将丝瓜洗净，去皮，切片；姜洗净，带皮切末；蒜剥皮，切片备用。
2 热油锅，加姜末爆香。
3 放入猪肉末及其余调味料，翻炒至猪肉末6分熟。
4 加入丝瓜片、蒜片及水，焖煮至熟即可。

功效解读

丝瓜含有 B 族维生素、维生素C、蛋白质、糖类；其所含的膳食纤维和多糖体，可清除肠道废物，帮助消化，改善便秘。

油焖丝瓜

材料：

丝瓜500克，葱段适量，鲜百合、枸杞子各10克，姜末5克

● 热量 218.7千卡
● 糖类 14.7克
● 蛋白质 4.3克
● 脂肪 15.9克
● 膳食纤维 2.9克

调味料：

白糖、酱油各1小匙，橄榄油1大匙

做法：

1 丝瓜洗净，去皮，切片，用冷水浸泡备用。

2 热油锅，爆香葱段、姜末，放入丝瓜片、鲜百合略炒，加入酱油和100毫升水，以小火焖煮。

3 煮至汤汁略收、丝瓜片熟烂时，加白糖续焖3分钟，撒上枸杞子即可。

功效解读

丝瓜富含皂苷，能保护人体免疫系统；丝瓜中丰富的维生素 C 可提高身体抵抗力，帮助孕妈妈抑制病毒，预防感冒。

凉拌丝瓜竹笋

材料：

丝瓜、竹笋各60克，薄荷叶、黑芝麻各适量

● 热量 58.4千卡
● 糖类 4.3克
● 蛋白质 1.9克
● 脂肪 3.7克
● 膳食纤维 2.3克

调味料：

酱油1大匙，陈醋、香油各1小匙

做法：

1 丝瓜、竹笋洗净，去皮，切丝。

2 将丝瓜丝和竹笋丝放入大碗，加入所有调味料拌匀，加薄荷叶、黑芝麻作为装饰即可。

功效解读

丝瓜有极佳的解毒功效，有助于利尿消肿；竹笋中的膳食纤维能清洁肠道，并有助于净化血液，提高人体免疫力。

四季豆炒鲜笋

材料：
四季豆120克，海苔2片，鲜竹笋200克，蒜末10克，辣椒末2克

- 热量 170.2千卡
- 糖类 31.2克
- 蛋白质 9.6克
- 脂肪 0.8克
- 膳食纤维 8.2克

调味料：
盐、白糖各1/4小匙，柠檬汁1大匙

做法：

1. 鲜竹笋剥去外壳，洗净，切粗条备用；四季豆洗净，切段；海苔剪成细丝备用。
2. 将四季豆段与鲜竹笋条汆烫捞起，放入水中冷却，沥干盛盘。
3. 在四季豆段和鲜竹笋条中加入蒜末、辣椒末和调味料拌匀，撒上海苔丝即可。

功效解读

四季豆富含铁，可改善贫血症状；四季豆中的膳食纤维大部分是非水溶性的，可促进胃肠蠕动，缓解便秘，是孕妈妈重要的营养素。

鲜笋沙拉

1 人份

材料：
竹笋120克

- 热量 125.2千卡
- 糖类 6.9克
- 蛋白质 2.7克
- 脂肪 9.6克
- 膳食纤维 2.8克

调味料：
蛋黄酱适量

做法：

1. 将竹笋洗净，放入开水中煮约20分钟。
2. 将煮熟的竹笋去皮，切块，放凉后盛盘，淋上蛋黄酱即可。

功效解读

竹笋中的膳食纤维能清洁肠道；其中的维生素 C 可增强抵抗力；竹笋高纤、低脂，具有促进胃肠蠕动、帮助消化的作用。

蒜香茭白

高纤、低热量 + 补充营养

1人份

材料：
茭白300克，樱花虾100克，蒜末、胡萝卜各30克

- 热量 503.4千卡
- 糖类 13.0克
- 蛋白质 61.6克
- 脂肪 22.8克
- 膳食纤维 6.3克

调味料：
盐1/4小匙，胡椒粉1小匙，橄榄油1大匙

做法：

❶ 茭白洗净，切片；胡萝卜洗净，切条；樱花虾洗净备用。

❷ 热油锅，爆香蒜末，加入樱花虾、茭白片、胡萝卜条和调味料翻炒均匀即可。

功效解读

　　茭白热量低，膳食纤维含量丰富，有钙、磷、铁、维生素 A、维生素 B_1、维生素 B_2、维生素 C 等营养素，是怀孕后期兼顾营养与热量补充的健康食材。

开洋西蓝花

补充钙质 + 健骨抗菌

2人份

材料：
虾米25克，蒜3瓣，西蓝花200克，辣椒1/2个

- 热量 159.6千卡
- 糖类 11.5克
- 蛋白质 22.9克
- 脂肪 2.5克
- 膳食纤维 5.4克

调味料：
盐、白糖各1/4小匙，米酒1/2大匙，橄榄油1小匙，香油1/6小匙

做法：

❶ 将所有材料洗净。蒜剥皮，切片；辣椒切片；西蓝花切小朵，氽烫后捞起沥干。

❷ 热油锅，爆香蒜片、辣椒片、虾米，加西蓝花、1大匙水炒匀。

❸ 续加盐、白糖、米酒煮开，盛盘，再淋上香油即可。

功效解读

　　虾米含有蛋白质、钙、甲壳素，可补充钙质，预防骨质的流失；西蓝花含有槲皮素、类黄酮，具有一定的防癌、抗菌效果。

奶油草菇炖西蓝花

材料：

草菇100克，西红柿1个，鲜奶200毫升，奶油1小匙，西蓝花300克

调味料：

盐1/2小匙，白糖1/4小匙，橄榄油2小匙

- 热量 364.2千卡
- 糖类 33.1克
- 蛋白质 19.1克
- 脂肪 18.2克
- 膳食纤维 11.2克

做法：

1. 将草菇洗净；西红柿洗净，切块；西蓝花洗净，切小朵备用。
2. 奶油入油锅，加入草菇、西红柿块、西蓝花炒匀后，续入鲜奶搅拌。
3. 加入调味料，翻炒2分钟左右即可。

功效解读

草菇具有抗氧化作用，能修复受损细胞，保护肌肤，同时具有缓解疲劳、补充铁质的功效，能使孕妈妈脸色红润、体力充沛。

功效解读

牛奶可促进肌肤合成胶原蛋白和弹性蛋白，具有抗衰老的作用；西蓝花富含维生素C和类黄酮，能预防孕妈妈感染多种疾病。

牛奶炖西蓝花

材料：

西蓝花200克，脱脂高钙牛奶200毫升

- 热量 218.3千卡
- 糖类 21.0克
- 蛋白质 11.0克
- 脂肪 10.8克
- 膳食纤维 4.4克

调味料：

盐、水淀粉各1小匙，橄榄油3大匙

做法：

1. 西蓝花洗净，去除根、茎、叶后切成块状，洗净，以开水煮熟后，捞出备用。
2. 将2大匙橄榄油放入锅中，依序放入脱脂高钙牛奶、盐、西蓝花块，一起煮沸。
3. 以水淀粉勾芡，最后加入1大匙橄榄油，拌匀即可食用。

第三孕期（29~40周）高纤蔬食

冬瓜炒牡蛎

材料：
冬瓜200克，牡蛎肉80克，姜30克

- 热量 103.5千卡
- 糖类 13.0克
- 蛋白质 9.6克
- 脂肪 1.8克
- 膳食纤维 2.6克

调味料：
低盐酱油2小匙，白糖1/2小匙，盐1/4小匙

做法：

1. 将牡蛎肉用盐水泡洗，再用流动的清水洗净沥干。
2. 冬瓜洗净，去皮，去籽，切块备用。
3. 炒锅加水，续加冬瓜块，煮至8分熟。
4. 加入牡蛎肉和所有调味料煮熟即可。

功效解读

冬瓜热量低，能使人产生饱腹感，有助于怀孕后期控制体重；牡蛎富含磷脂类和EPA、DHA等营养素，有利于胎儿脑部发育，且可预防血管病变。

功效解读

冬瓜具有生津止渴、清胃降火的功效，能改善孕期易发生的水肿问题；且冬瓜低钠、低热量，所含的膳食纤维也有助于润肠通便。

姜丝炒冬瓜

材料：
冬瓜300克，高汤60毫升，姜丝、虾米各10克

- 热量 204.5千卡
- 糖类 8.2克
- 蛋白质 7.3克
- 脂肪 15.8克
- 膳食纤维 3.5克

调味料：
橄榄油1大匙，盐1/4小匙，香油、胡椒粉各适量

做法：

1. 冬瓜洗净，去皮、瓤，切块，入水汆烫约5分钟，捞出沥干备用。
2. 热油锅，爆香姜丝、虾米，放入冬瓜块翻炒，倒入高汤和所有调味料拌匀，烧煮至入味即可。

蒜末豇豆

材料:

豇豆200克，蒜10克，牛肉50克

- 热量 136.5千卡
- 糖类 16.6克
- 蛋白质 13.2克
- 脂肪 2.8克
- 膳食纤维 5.6克

调味料:

酱油2小匙，胡椒粉1/6小匙，米酒、橄榄油各1小匙

做法:

❶ 将所有材料洗净。豇豆切小段；蒜剥皮，切碎；牛肉切碎备用。

❷ 热油锅，爆香蒜末、牛肉碎。

❸ 加入除橄榄油外的其余调味料略炒，放入豇豆段及少量水煮熟即可。

功效解读

豇豆含有丰富的膳食纤维、叶酸、钙、铁、维生素C等营养素，不仅可促进牙齿、骨骼的发育，并有造血、补血的功效。

莲藕炒四季豆

材料:

莲藕150克，辣椒1/2个，四季豆75克，高汤1/2杯

- 热量 226.1千卡
- 糖类 30.0克
- 蛋白质 2.9克
- 脂肪 10.5克
- 膳食纤维 6.2克

调味料:

盐1小匙，橄榄油2小匙

做法:

❶ 莲藕洗净，去皮，切片；四季豆洗净，去粗丝，切段；辣椒洗净，切丝。

❷ 热油锅，加入莲藕片、辣椒丝、高汤和盐，熬煮5分钟。

❸ 加入四季豆段，煮至汤汁收干即可。

功效解读

莲藕有补血、解渴、润肺的功效，其所含的黏液蛋白可促进蛋白质的吸收，降低胃肠负担，且铁质丰富，可预防贫血。

豌豆荚炒蘑菇

材料：
豌豆荚100克，蘑菇80克，
火腿丁20克，蒜末、辣椒
片、姜丝、胡萝卜丝各5克

- 热量 223.1千卡
- 糖类 13.4克
- 蛋白质 39.4克
- 脂肪 1.3克
- 膳食纤维 4.1克

调味料：
盐1/4小匙，米酒1小匙，橄榄油1大匙

做法：

1. 蘑菇洗净，切块；豌豆洗净，去侧茎硬丝。
2. 汤锅加水，水开后放入蘑菇块，煮约30秒，续入豌豆荚，水开后捞起。
3. 热油锅，爆香蒜末、辣椒片、姜丝、米酒，放入胡萝卜丝、蘑菇块略炒，加盐调味即可。

功效解读

豌豆荚可抗菌消炎；蘑菇含铁量丰富，具有益气补血的功效。此菜肴营养丰富，并能促进孕期的新陈代谢。

功效解读

西红柿含有易于人体吸收的果糖、葡萄糖、多种矿物质和维生素；杏鲍菇富含多糖体，可增强抵抗力。此菜能增强孕妈妈的体质。

红茄杏鲍菇

材料：
西红柿2个，杏鲍菇2朵，
蒜片、葱段各5克

- 热量 323.8千卡
- 糖类 26.1克
- 蛋白质 6.7克
- 脂肪 21.4克
- 膳食纤维 8.8克

调味料：
盐1/4小匙，橄榄油1大匙

做法：

1. 将西红柿、杏鲍菇洗净，切块备用。
2. 热油锅，爆香蒜片、葱段，放入西红柿块后加100毫升水烹煮，续入杏鲍菇块翻炒，加盐调味即可。

鲜菇蒸蛋

材料:

蘑菇300克,芹菜叶10克,
鸡蛋液240毫升(约3个
鸡蛋)

- 热量 439.9千卡
- 糖类 12.2克
- 蛋白质 39.8克
- 脂肪 25.2克
- 膳食纤维 5.6克

调味料:

盐1/4小匙,米酒2小匙

做法:

1. 蘑菇洗净,切块,放入碗内备用。
2. 将蛋液加调味料拌匀,再去除表层的泡沫。
3. 将调好的蛋液淋至蘑菇块上,以中火蒸3分钟,转小火再蒸10分钟,最后加入洗净的芹菜叶即可。

功效解读

蘑菇有"维生素 A 宝库"之称,也是维生素 D 的重要来源之一,具有稳定血糖、增强免疫力、保健胃肠、抗癌等功效。

鲜菇烩上海青

材料:

上海青250克,葱段适量,
高汤300毫升,新鲜香菇
10朵

- 热量 337.7千卡
- 糖类 16.8克
- 蛋白质 8.6克
- 脂肪 26.2克
- 膳食纤维 9.7克

调味料:

盐1/4小匙,橄榄油1大匙

做法:

1. 香菇泡盐水10分钟后,洗净,去蒂。
2. 锅内加水煮沸加盐,放入洗净的上海青烫软捞起。
3. 热油锅,爆香葱段后放入香菇,加盐翻炒,再倒入高汤同煮,至汤汁略收,淋在烫软的上海青上即可。

功效解读

上海青含有丰富的维生素 C、钙和叶酸,有助于胎儿发育,且有助于维持胎儿牙齿、骨骼的强健;其中的维生素 A 对保护视力有极佳的作用。

蒜香红薯叶

材料：
红薯叶300克，蒜3瓣

- 热量 305.2千卡
- 糖类 17.3克
- 蛋白质 9.9克
- 脂肪 21.8克
- 膳食纤维 9.3克

调味料：

a 酱油膏、水各1大匙，白糖1小匙

b 橄榄油1大匙

做法：

❶ 将红薯叶挑掉粗茎后洗净，放入开水汆烫至熟，捞起装盘备用。

❷ 将蒜剥皮，切末备用。

❸ 热油锅，以小火炒香蒜末，再加入调味料a，煮开即可熄火。

❹ 将做好的调味料直接淋至红薯叶上，食用前拌匀即可。

功效解读

红薯叶富含膳食纤维，可促进胃肠蠕动，预防便秘；其中丰富的维生素 A 可维持皮肤、呼吸道及消化道等部位上皮组织的健康，并保护视力。

功效解读

红薯叶含有大量膳食纤维，可增加饱腹感，且其含有多种抗氧化物，能强肝解毒，具有优异的排毒效果。

清烫红薯叶

材料：
红薯叶50克

- 热量 59.1千卡
- 糖类 2.1克
- 蛋白质 1.7克
- 脂肪 5.3克
- 膳食纤维 1.6克

调味料：

香油、酱油各1小匙，白醋2小匙

做法：

❶ 将红薯叶洗净，放入开水中汆烫捞出。

❷ 将所有调味料拌匀后，加到烫好的红薯叶中搅拌均匀即可。

奶油焗白菜

材料：
大白菜300克，洋菇片20克，奶酪丝100克，高汤500毫升，奶油1大匙

- 热量 713.6千卡
- 糖类 61.4克
- 蛋白质 22.8克
- 脂肪 41.9克
- 膳食纤维 3.1克

调味料：
盐1/4小匙

做法：

❶ 将大白菜洗净，切大片，放入煮开的高汤中，以中小火烫煮变软，捞出沥干，再放入焗烤盘备用。

❷ 将奶油、盐、洋菇片加入大白菜片盘中拌匀，撒上奶酪丝，移入预热好的烤箱中，以上火或下火200℃烘烤，至表面呈金黄色即可。

功效解读

大白菜中膳食纤维的含量丰富，可促进胃肠蠕动；大白菜中丰富的维生素 A、维生素 C 可保护细胞结构与功能，保证胎儿细胞分裂增生功能维持正常。

功效解读

小白菜含有丰富的水分和钾，前者可润滑肠道，并促进肠道蠕动，后者可调节血压，适合有便秘困扰的孕妈妈食用。

枸杞子炒小白菜

材料：
小白菜300克，姜丝30克，枸杞子20克

- 热量 163.3千卡
- 糖类 22.2克
- 蛋白质 5.9克
- 脂肪 6.1克
- 膳食纤维 8.9克

调味料：
盐、米酒各1/2小匙，香油1小匙，橄榄油适量

做法：

❶ 将小白菜洗净，切段。

❷ 热油锅，爆香姜丝，将所有调味料加入炒匀。

❸ 加入洗净的枸杞子、小白菜段翻炒至熟即可。

第三孕期（29~40 周）高纤蔬食

西红柿奶酪沙拉

材料:

西红柿2个，罗勒叶、玉米粒、奶酪各50克，葱1根

调味料:

橄榄油、白醋各2小匙，白糖1小匙，胡椒粉1/6小匙

- 热量 395.5千卡
- 糖类 30.3克
- 蛋白质 17.4克
- 脂肪 22.8克
- 膳食纤维 5.2克

做法:

1. 罗勒叶、葱洗净，均切碎；西红柿洗净，切片；玉米粒洗净；奶酪切碎。

2. 将玉米粒、西红柿片摆入盘中，再撒上罗勒叶碎、奶酪碎和葱末。

3. 将调味料混匀后，淋至做法2的食材上即可。

功效解读

奶酪含有蛋白质、钙、B 族维生素等多种营养素，是促进胎儿骨骼、牙齿生长的重要营养成分，且有助于胎儿神经系统的发育。

红茄绿菠拌鸡丝

材料:

西红柿2个，菠菜100克，鸡胸肉250克，姜丝适量

- 热量 451.0千卡
- 糖类 17.5克
- 蛋白质 49.9克
- 脂肪 20.2克
- 膳食纤维 4.8克

调味料:

盐、酱油、白糖、香油各适量

做法:

1. 将菠菜洗净，切段；西红柿洗净，去皮，去籽，切薄片。

2. 汤锅中加水煮滚，将菠菜段、鸡胸肉依序烫熟后，将鸡胸肉撕成细丝备用。

3. 在碗中放入鸡胸肉丝、菠菜段、西红柿片、姜丝，加入所有调味料拌匀即可食用。

功效解读

菠菜可补血、助消化；鸡胸肉可活血、健胃；西红柿具有清热解毒、抑制细胞病变的功效。孕妈妈食用此料理有利于养血滋阴，维持好气色。

南瓜胡萝卜泥

4 人份

材料：

南瓜200克，胡萝卜30克，
土豆250克，香菜叶适量

- 热量 346.1千卡
- 糖类 72.0克
- 蛋白质 11.9克
- 脂肪 1.2克
- 膳食纤维 7.9克

调味料：

盐适量

做法：

1. 将南瓜、胡萝卜、土豆洗净后去皮，南瓜去瓤，均切块备用。
2. 将南瓜块、胡萝卜块、土豆块放入蒸锅，锅内加3杯水蒸煮，待食材变软即可取出。
3. 将蒸好的食材搅碎成泥，加盐拌匀后，放上香菜叶装饰即可。

功效解读

南瓜富含维生素 A、B 族维生素，不仅对视力有良好的保健功效，也有益于皮肤保养，还能帮助消化，使排便顺畅。

功效解读

海带芽含有钙、铁、碘等人体所需的矿物质，且富含可溶性膳食纤维，能帮助孕妈妈排便顺畅，并具有修复及促进身体组织再生的功效。

润肠通便 + 修复人体组织

芝麻拌海带芽

1 人份

材料：

海带芽150克，芝麻10克，
蒜末5克，辣椒1个

- 热量 137.2千卡
- 糖类 11.9克
- 蛋白质 3.0克
- 脂肪 8.6克
- 膳食纤维 5.4克

调味料：

白糖1小匙，香油、盐各适量

做法：

1. 将海带芽洗净，切小段；辣椒洗净，切末备用。
2. 汤锅中加水煮开，放入海带芽段汆烫后沥干。
3. 将海带芽段、芝麻、辣椒末、蒜末及调味料搅拌均匀即可。

增强免疫力＋护肝健胃

蘑菇燕麦浓汤

1人份

材料：

蘑菇40克，胡萝卜丁10克，燕麦片15克，牛奶100毫升，奶油1/4小匙，欧芹碎适量

- 热量 159.4千卡
- 糖类 18.9克
- 蛋白质 8.2克
- 脂肪 5.7克
- 膳食纤维 2.5克

调味料：

盐1/4小匙

做法：

1. 将奶油放入锅中煮溶，加入牛奶及150毫升水煮成汤底，并加盐调味。
2. 将洗净的蘑菇切片，与胡萝卜丁一起烫熟沥干备用。
3. 把蘑菇片、胡萝卜丁、燕麦片加入汤底中，拌匀煮熟，撒上欧芹碎即可食用。

功效解读

此汤品富含维生素C，能增强免疫力，具有解毒、加速伤口愈合、护肝健胃的功效；此汤品可增强孕妈妈抵抗力，强健体质。

营养高钙＋增强抵抗力

紫菜豆腐羹

2人份

材料：

嫩豆腐1块，紫菜50克，葱花10克，高汤500毫升

- 热量 283.7千卡
- 糖类 33.6克
- 蛋白质 19.2克
- 脂肪 8.1克
- 膳食纤维 12.4克

调味料：

盐1/4小匙，水淀粉1小匙，香油适量

做法：

1. 将嫩豆腐切小块；紫菜洗净，泡发后切丝，将嫩豆腐块和紫菜丝一起放入开水中汆烫后捞起。
2. 汤锅中加入高汤煮开，放入嫩豆腐块、紫菜丝，加盐调味。
3. 加入水淀粉勾薄芡，撒入葱花，淋上香油即可。

功效解读

豆腐含有丰富的蛋白质、维生素 B_1、维生素 B_2，易被人体吸收，且有增强抵抗力的作用；豆腐有高钙营养的特性，适合孕晚期妈妈食用。

润肠排毒 + 利尿消肿

红豆白菜汤

2 人份

材料：
红豆50克，大白菜片150克

调味料：
盐1/4小匙

- 热量 184.1千卡
- 糖类 33.4克
- 蛋白质 12.9克
- 脂肪 0.6克
- 膳食纤维 7.5克

做法：

① 将红豆洗净，用水浸泡一晚。

② 取汤锅，加水煮开，放入洗净的大白菜片及红豆熬煮熟烂。

③ 加盐调味即可。

功效解读

大白菜中的膳食纤维有润肠排毒的作用；红豆具有利尿、消肿的作用，可改善怀孕后期下肢肿胀的情况。

功效解读

玉米中的维生素 E 可防止皮肤病变，具有增强脑力的功效。对于饮食上宜荤素搭配的孕妈妈来说，玉米是一种很好的选择。

预防皮肤病变 + 增强脑力

玉米浓汤

1 人份

材料：
玉米酱30克，洋葱丝10克，玉米粒、火腿各15克，土豆50克，高汤300毫升，奶油1大匙，欧芹碎适量

- 热量 246.1千卡
- 糖类 20.2克
- 蛋白质 4.9克
- 脂肪 16.2克
- 膳食纤维 2.2克

调味料：
盐1/4小匙，胡椒粉适量

做法：

① 将火腿切丁；土豆洗净，去皮，煮软后切块，与高汤一起加入破壁机中，打成泥状。

② 热锅加入奶油，待奶油溶化后，放入土豆泥拌匀成浓汤状。

③ 续入洋葱丝、火腿丁、玉米酱、玉米粒煮沸，加入调味料拌匀，撒上欧芹碎即可。

奶酪蔬菜鸡肉浓汤

材料：

西蓝花、洋葱、土豆、胡萝卜、鸡胸肉各50克，鲜奶100毫升，奶酪180克，奶油3大匙

- 热量 1550.5千卡
- 糖类 123.4克
- 蛋白质 53.6克
- 脂肪 93.6克
- 膳食纤维 4.2克

调味料：

盐1/4小匙，黑胡椒粉适量

做法：

1. 西蓝花去梗，洗净，切小朵；洋葱、土豆、胡萝卜、鸡胸肉洗净，切丁；奶酪切小块。

2. 热锅，用奶油将洋葱丁炒软，放入土豆丁、胡萝卜丁炒匀，加水煮15分钟。

3. 放入鸡胸肉丁、鲜奶、西蓝花、奶酪煮10分钟，加盐、黑胡椒粉调味即可。

功效解读

奶酪中所含的乳酸菌有助于健胃整肠；其中丰富的钙质有助于胎儿牙齿及骨骼的健全发育，还可提供孕妈妈所需的营养。

功效解读

猪肉营养丰富，含有蛋白质、钙、磷、铁、维生素 B_1 和锌等营养素，具有补肾气、健体魄及滋润皮肤的作用。

莲藕雪菜汤

材料：

莲藕150克，猪排骨50克，雪菜30克，葱1根，姜3克

- 热量 384.4千卡
- 糖类 28.5克
- 蛋白质 11.2克
- 脂肪 25.1克
- 膳食纤维 5.4克

调味料：

橄榄油1大匙，盐、绍兴酒各1/4小匙

做法：

1. 将莲藕洗净，去皮，切大块；雪菜切小丁；猪排骨洗净，切块，氽烫；葱洗净，切葱花；姜洗净，切末。

2. 热油锅，爆香姜末，加入盐、绍兴酒、莲藕块，续炒到莲藕块熟透。

3. 加水至锅内，放入雪菜丁、猪排骨块，水煮开后加入葱花即可。

红豆排骨汤

2
人份

材料：

猪排骨块100克，红豆40克，陈皮1小块

- 热量 382.0千卡
- 糖类 24.8克
- 蛋白质 27.0克
- 脂肪 19.2克
- 膳食纤维 4.9克

调味料：

盐1/4小匙

做法：

1 将所有材料洗净。猪排骨块汆烫后捞出沥干；陈皮泡软；红豆泡水4小时。

2 所有材料放入锅中，加水4杯，以大火煮开后转小火，再炖煮1小时。

3 加盐调味即可。

功效解读

　　红豆含有蛋白质、多种维生素与矿物质，具有利尿的功效；猪排骨的脂肪含量低，但富含钙、铁等营养素。此汤品能改善孕妈妈的水肿症状。

功效解读

　　黑木耳具有润肤养血的功效；红枣具有补脾胃、养心安神的作用；猪瘦肉富含蛋白质和维生素，可提供孕妈妈所需的营养。

润肤养血 + 养心安神

红枣黑木耳瘦肉汤

材料：

干黑木耳10克，红枣6颗，猪瘦肉100克

2
人份

调味料：

盐1/4小匙

- 热量 233.0千卡
- 糖类 10.6克
- 蛋白质 22.9克
- 脂肪 10.2克
- 膳食纤维 3.5克

做法：

1 所有材料洗净。猪瘦肉切片；干黑木耳浸软去蒂；红枣去核。

2 将全部材料放入锅中，加水煮开后转小火再煮1小时。

3 加盐调味即可。

金针菜猪肝汤

 2 人份

材料：
干金针菜30克，猪肝片150克，姜3片，高汤2杯

- 热量 397.0千卡
- 糖类 22.9克
- 蛋白质 47.3克
- 脂肪 11.9克
- 膳食纤维 0.8克

调味料：
香油1/4小匙，盐1小匙，水淀粉2小匙

做法：

❶ 将除高汤外的材料洗净。干金针菜泡水15分钟，捞起，再用清水冲洗一次；姜片切丝；猪肝片汆烫后冷却备用。

❷ 将高汤倒入锅中，加盐、姜丝和金针菜煮沸，转小火续煮2分钟。

❸ 放入猪肝片，煮开后以水淀粉勾芡，淋上香油即可。

功效解读

金针菜有清肝、利尿的功效；猪肝有明目、补益气血的功效。此汤品可帮助孕妈妈恢复体力，稳定情绪。

功效解读

常喝枸杞子银耳猪肝汤，有补肝明目、增强体力、舒缓眼睛疲劳的作用，还能预防夜盲、黑眼圈、视力减退等。

枸杞子银耳猪肝汤

材料：
猪肝150克，枸杞子、银耳各10克，葱段、姜片、香菜适量

 3 人份

- 热量 226.6千卡
- 糖类 12.6克
- 蛋白质 34.1克
- 脂肪 4.4克
- 膳食纤维 1.4克

调味料：
盐、酱油、米酒、淀粉各适量

做法：

❶ 猪肝洗净，切片，用酱油、淀粉腌渍入味；银耳洗净，去蒂，掰小朵泡软备用。

❷ 锅中加水煮开后，放入银耳、猪肝片、枸杞子、葱段、姜片、米酒一起煮；煮至猪肝片熟透，最后加盐调味，撒上香菜即可。

花生猪蹄汤

材料:
花生仁150克, 猪蹄300克, 葱段适量

- 热量 1487.7千卡
- 糖类 30.5克
- 蛋白质 104.6克
- 脂肪 105.3克
- 膳食纤维 15.0克

调味料:
盐1/4小匙

做法:

❶ 将花生仁洗净, 沥干; 猪蹄洗净, 汆烫捞起备用。

❷ 将花生仁、猪蹄、葱段、1200毫升水加入锅中, 大火煮开后加盐调味, 再转小火炖煮1小时即可。

功效解读

猪蹄富含胶原蛋白和弹性蛋白, 可滋润肌肤。此汤品亦有助于产后通乳及促进乳汁分泌。

海带牛肉汤

材料:
海带片120克, 牛腱肉300克, 莲子20克, 姜3片

- 热量 1067.0千卡
- 糖类 15.3克
- 蛋白质 50.0克
- 脂肪 89.5克
- 膳食纤维 5.3克

调味料:
盐1/4小匙

做法:

❶ 将所有材料洗净。牛腱肉汆烫去血水, 切块; 海带片、莲子分别泡软备用。

❷ 汤锅中加600毫升水煮沸, 放入牛腱肉块、姜片熬煮1小时, 再加入海带片、莲子煮20分钟, 加盐调味即可。

功效解读

海带中碘含量丰富; 牛肉中的维生素 B_{12} 是造血的主要元素; 牛肉可滋养脾胃, 同时含有怀孕时人体细胞及血液形成所不可或缺的营养素。

补肝明目 + 养血安神

灵芝猪肝汤

③ 人份

材料：
猪肝150克，灵芝10克

调味料：
盐适量

- 热量 185.8千卡
- 糖类 4.0克
- 蛋白质 32.7克
- 脂肪 4.4克
- 膳食纤维 0.0克

做法：

❶ 灵芝洗净，用水浸泡；猪肝洗净，切片备用。

❷ 锅中加水煮开后，放入灵芝、猪肝片煮至再度沸腾，转小火煮至猪肝片熟透。

❸ 加盐调味，拌匀即可。

功效解读

灵芝有补肺、解毒、保肝、整肠的作用；猪肝可补肝明目、养血安神。两者搭配食用，具有益心肺、补肝肾的功效。

降脂降压 + 预防缺铁性贫血

猪肝鸡蛋羹

③ 人份

材料：
猪肝100克，鸡蛋2个，葱段、姜片各适量

- 热量 369.5千卡
- 糖类 4.3克
- 蛋白质 44.8克
- 脂肪 19.3克
- 膳食纤维 0.1克

调味料：
酱油、米酒、淀粉各适量，橄榄油1小匙

做法：

❶ 猪肝洗净，切片，加入酱油、淀粉腌渍入味。

❷ 热油锅，放入猪肝片，炒至变色后加入葱段、姜片、米酒翻炒。

❸ 在做法❷的锅中加水煮沸，倒入搅好的鸡蛋液，再度煮沸即可。

功效解读

此药膳有保护肝脏、调节血压和血脂、改善血液循环的功效。猪肝中含有丰富的铁，是天然的补血佳品，可预防缺铁性贫血。

枸杞子炖猪心

材料：
猪心250克，猪大骨100克，
枸杞子2克，高汤200毫升，
姜片适量

调味料：
盐1/4小匙，米酒1小匙

- 热量 370.1千卡
- 糖类 5.0克
- 蛋白质 40.3克
- 脂肪 21.0克
- 膳食纤维 0.3克

做法：

❶ 猪心洗净，切厚片；猪大骨洗净，剁成块；枸杞子洗净，泡水。

❷ 汤锅中加水，待水开放入猪心片、猪大骨块，用中火煮净血水，捞出洗净。

❸ 在小炖盅中放入猪心片、猪大骨块、枸杞子、姜片，加入调味料、高汤，炖煮1.5小时即可。

功效解读

此炖品可滋阴补气、补肝肾，其所含的维生素 B$_1$、维生素 B$_2$、维生素 C 等有利于胎儿的生长发育。

功效解读

杜仲、枸杞子均可滋补肝肾，与猪腰一起食用，可发挥补益腰肾、滋润肝脏、强健筋骨的功效。

杜仲腰花汤

材料：
猪腰2个，杜仲15克，枸杞子5克

调味料：
盐适量

- 热量 103.4千卡
- 糖类 9.0克
- 蛋白质 12.6克
- 脂肪 1.9克
- 膳食纤维 1.4克

做法：

❶ 杜仲、枸杞子分别洗净。

❷ 将猪腰剖开，去除筋膜，洗净并切块。

❸ 汤锅中加水，放入所有材料，用大火煮滚后，转小火续煮1小时，最后加盐调味即可。

第三孕期（29~40 周）滋补药膳

增强免疫力 + 促进新陈代谢

山药双菇汤

3 人份

材料：
山药250克，杏鲍菇150克，香菇4朵，金针菜、姜、川芎、枸杞子各10克，莲子、红枣各10颗

调味料：
盐1/4小匙

- 热量 351.4千卡
- 糖类 60.5克
- 蛋白质 12.7克
- 脂肪 6.5克
- 膳食纤维 10.7克

做法：

1. 所有材料洗净。金针菜去蒂，打结；山药去皮，切块；杏鲍菇切块；姜切片；香菇划十字。
2. 姜片、莲子、红枣、川芎、枸杞子加1000毫升水煮滚，再转小火煮5分钟。
3. 加入山药块、杏鲍菇块、香菇煮10分钟，熄火前放入金针花结，加盐调味即可。

功效解读

山药含有9种人体不能自行合成的氨基酸，具有增强人体免疫力、促进胎儿生长等保健功效。此汤品能加速新陈代谢，增强免疫力。

功效解读

黄芪能健脾益气，提供孕妈妈所需的营养物质；党参可补中益气。此药膳适合胃肠功能不佳的孕妈妈食用。

健脾益气 + 健胃整脾

参芪鲈鱼汤

2 人份

材料：
黄芪、党参各25克，红枣6颗，鲈鱼块300克，姜丝10克，葱段5克，姜片4片，高汤250毫升

- 热量 663.5千卡
- 糖类 7.7克
- 蛋白质 58.1克
- 脂肪 44.5克
- 膳食纤维 1.2克

调味料：
米酒1小匙，盐1/4小匙，食用油2大匙

做法：

1. 鲈鱼块划十字，黄芪、党参、红枣洗净，加750毫升水，小火煮20分钟。
2. 热油锅，加姜片爆香后，取出姜片放入鲈鱼块略煎。将做法❶的食材、高汤、米酒煮熟后，放入葱段、姜丝略煮，加盐调味，撒上香菜末即可。

桑寄生煨蛋

材料：
鸡蛋4个，桑寄生9克

调味料：
冰糖适量

- 热量 352.9千卡
- 糖类 5.7克
- 蛋白质 29.0克
- 脂肪 23.8克
- 膳食纤维 0.0克

做法：

❶ 鸡蛋洗净；桑寄生洗净，沥干。

❷ 将桑寄生、鸡蛋与水放入陶锅中，以小火煮约30分钟，取出鸡蛋剥壳。

❸ 续煮约15分钟，放入剥壳鸡蛋，加冰糖焖煮5分钟即可。

功效解读

鸡蛋有益于胎儿神经系统和身体发育，可提升记忆力，保护肝脏。鸡蛋与桑寄生搭配，具有安胎、增强孕妈妈免疫力的功效。

功效解读

猪蹄富含胶原蛋白，可补充及促进合成人体中的胶原蛋白，能滋润肌肤，适合孕期女性食用，并有助于产后通乳及乳汁分泌。

桑寄生猪蹄汤

材料：
桑寄生50克，猪蹄300克

调味料：
盐适量

- 热量 324.6千卡
- 糖类 0.0克
- 蛋白质 32.6克
- 脂肪 21.6克
- 膳食纤维 0.0克

做法：

❶ 猪蹄去毛洗净，切成块状，汆烫捞起后用冷水冲洗，沥干备用。

❷ 桑寄生洗净，和猪蹄块一起放入锅中煮汤，先以大火煮开，再改用小火煲煮3小时，加盐调味即可。

第三孕期（29~40周）滋补药膳

181

点心甜品 --

健脑益智 + 改善贫血

核桃仁紫米粥

3人份

材料：
紫米150克，核桃仁40克，枸杞子20克

调味料：
冰糖1大匙

● 热量 3568.2千卡
● 糖类 158.0克
● 蛋白质 77.6克
● 脂肪 291.8克
● 膳食纤维 27.7克

做法：

❶ 将紫米洗净，浸泡一晚。

❷ 紫米加800毫升水，以大火煮开，续转小火煮到熟烂，加入核桃仁、枸杞子煮约10分钟，再加冰糖调味即可。

功效解读

　　核桃仁能健脑，提升记忆力；紫米含有微量元素，有补血功效，并富含多元不饱和脂肪酸，有利于胎儿脑细胞的发育。

功效解读

　　紫米含铁量远高于其他谷类，可使孕妈妈气色红润；紫米富含膳食纤维，能促进肠道蠕动，预防孕期便秘。另外，紫米搭配莲藕食用，可改善失眠等症状。

改善失眠 + 预防便秘

莲藕紫米粥

2人份

材料：
紫米100克，莲藕80克

调味料：
冰糖1大匙

● 热量 469.6千卡
● 糖类 98.7克
● 蛋白质 10.7克
● 脂肪 3.5克
● 膳食纤维 5.0克

做法：

❶ 将紫米洗净，泡水3小时；莲藕洗净，切薄片。

❷ 汤锅中加水煮开，再放入紫米，煮至8分熟。

❸ 续入莲藕片煮熟，最后加冰糖调味即可。

182

抗氧化 + 促进铁质吸收

甜薯芝麻露

2 人份

材料：

红薯350克，黑芝麻粉10克，黄豆粉20克，开水120毫升，薄荷叶适量

- ● 热量 613.5千卡
- ● 糖类 118.4克
- ● 蛋白质 12.7克
- ● 脂肪 9.9克
- ● 膳食纤维 12.3克

调味料：

黑糖1大匙

做法：

❶ 将红薯洗净，去皮，蒸熟后压成泥，团成大小适中的丸子。

❷ 将黑芝麻粉、黄豆粉放入豆浆机中，加入开水及黑糖，打至材料细碎成露，加入红薯丸子，放上薄荷叶装饰即可。

功效解读

红薯富含维生素 A、维生素 C，有助于抗氧化；黑芝麻中的维生素 E 含量丰富，与含维生素 C 的食材搭配食用，可促进铁质吸收，有助于胎儿造血。

功效解读

山药含有糖蛋白成分，可以保护胃壁并增进食欲，能加强胃肠的消化功能；红薯富含膳食纤维，能润肠通便，改善孕期孕妈妈的便秘症状。

增进食欲 + 润肠通便

红薯山药圆

5 人份

材料：

山药泥、红薯泥各250克，熟薏苡仁、花豆各30克，熟绿豆20克，糖水适量

- ● 热量 2123.2千卡
- ● 糖类 487.9克
- ● 蛋白质 22.2克
- ● 脂肪 9.2克
- ● 膳食纤维 17.1克

调味料：

淀粉130克，红薯粉240克

做法：

❶ 取1/4的淀粉、1/2的红薯粉和所有红薯泥，以烫面法揉成团，切小份，搓成长条，并切成一口大小，即成"红薯圆"。

❷ 取山药泥，用做法❶的方式再做一次，即成"山药圆"。

❸ 将红薯圆、山药圆煮熟，加入糖水及其他材料略煮即可。

第三孕期（29~40 周）点心甜品

芝麻莲香饮

补气益血 | 滋补养生

2 人份

材料：
莲子、枸杞子、黑芝麻、
核桃仁各30克

● 热量 620.3千卡
● 糖类 52.8克
● 蛋白质 20.9克
● 脂肪 36.2克
● 膳食纤维 13.5克

调味料：
蜂蜜适量

做法：
❶ 所有材料洗净，晾干，捣碎备用。
❷ 在做法❶的食材粉末中加水，将其放入砂锅煮沸，再以小火煨煮约20分钟。
❸ 加入蜂蜜拌匀，食用时，加入适量温开水即可。

功效解读

莲子可补气益血；黑芝麻可滋补、通便、补肾；枸杞子可补肾滋阴、养肝明目；核桃仁可补气养血、滋补养生。

功效解读

竹荪可健脾益气；红枣可安神养血，经常食用有助于增强免疫功能；莲子能调节胃肠、安神养胎，适合孕妈妈食用。

竹荪莲子汤

安神养胎 + 健脾益气

3 人份

材料：
竹荪20克，莲子160克，
红枣6颗

● 热量 1161.5千卡
● 糖类 248.2克
● 蛋白质 38.5克
● 脂肪 1.6克
● 膳食纤维 19.8克

调味料：
冰糖1大匙

做法：
❶ 将竹荪泡水约1小时，再以热水汆烫，洗净备用。
❷ 汤锅中加入所有材料、1500毫升水煮开，加冰糖调味即可。

木瓜银耳甜汤

3人份

材料：
木瓜600克，银耳3朵

- 热量 578.4千卡
- 糖类 125.3克
- 蛋白质 14.8克
- 脂肪 2.0克
- 膳食纤维 40.6克

调味料：
冰糖1大匙

做法：

1 将木瓜洗净，去皮、瓤，切小块；银耳用热水泡软，洗净备用。

2 将所有材料、适量水放入汤锅，以中小火煮1.5小时，加冰糖调味即可。

功效解读

木瓜含有胡萝卜素、维生素 A、B 族维生素、维生素 C、钙、钾、铁、木瓜蛋白酶等营养素，可预防便秘，增强免疫力。

功效解读

红豆能治湿痹、利胃肠、消水肿。红豆搭配枸杞子制成甜品，对改善气色、滋阴补肾有助益。

枸杞子红豆汤圆

材料：
枸杞子汁20毫升，红豆60克，糯米粉150克

2人份

- 热量 791.0千卡
- 糖类 177.5克
- 蛋白质 13.3克
- 脂肪 3.1克
- 膳食纤维 5.7克

调味料：
白糖1/2小匙

做法：

1 将糯米粉和白糖拌匀。

2 枸杞子汁和水一起加热，煮开后倒入拌好的白糖和糯米粉，揉成团，并分成小块再揉成汤圆。

3 红豆洗净，浸泡后加水煮成红豆汤。

4 将汤圆煮熟，加入红豆汤中即可。

焗烤香蕉奶酪卷

改善便秘 + 促进新陈代谢

材料：
水饺皮6张，香蕉2根，鸡蛋1个，奶酪2片，黑巧克力碎适量

2人份

- 热量 613.4千卡
- 糖类 78.6克
- 蛋白质 17.2克
- 脂肪 25.6克
- 膳食纤维 3.2克

调味料：
柠檬汁2大匙，橄榄油1大匙

做法：

❶ 将奶酪撕小片；香蕉去皮，切丁，淋上柠檬汁；鸡蛋打散成蛋汁。

❷ 将香蕉丁和奶酪片包入水饺皮中，卷起扭转成糖果形状，并在水饺皮表面涂上一层薄薄的蛋汁和橄榄油。

❸ 烤盘涂抹橄榄油，摆上香蕉卷，以180℃烤20分钟，撒上黑巧克力碎即可。

功效解读

　　奶酪富含钙质，可促进血液循环和新陈代谢；香蕉含有丰富的钾、叶酸，可排出体内多余的水分，改善便秘。

蜜糖黑豆

增强免疫力 + 调节血压

4人份

材料：
黑豆1/2杯

- 热量 1036.8千卡
- 糖类 188.0克
- 蛋白质 40.89克
- 脂肪 13.34克
- 膳食纤维 20.9克

调味料：
白糖8大匙，黑糖2大匙，酱油1大匙

做法：

❶ 将所有调味料与600毫升开水混合搅拌，使糖溶化，再放入洗净的黑豆浸泡一晚。

❷ 泡好的黑豆用大火煮至沸腾后，转成小火，并盖上打洞的铝箔纸，炖煮至熟软。

❸ 将黑豆捞出放凉待用，煮黑豆的汁则放凉后置于冰箱冷藏一夜。

❹ 将黑豆拌入煮黑豆的汁，即可盛盘食用。

功效解读

　　黑豆热量低、不含胆固醇，含有大量蛋白质、不饱和脂肪酸、有机酸、膳食纤维等营养素，具有降血压的作用，且可促进胃肠蠕动。

香橙布丁

2
人份

材料：
柳橙汁390毫升，鲜奶50毫升，明胶片2片，柳橙果粒50克

- 热量 480.9千卡
- 糖类 112.8克
- 蛋白质 2.1克
- 脂肪 2.3克
- 膳食纤维 0.1克

调味料：
白糖3大匙

做法：

❶ 将明胶片用水泡软，并挤干水分。

❷ 柳橙汁、柳橙果粒、白糖、鲜奶倒入锅中煮沸后，加入明胶片搅拌溶解。

❸ 待降温之后，分装入玻璃容器内，放入冰箱冷藏，待其凝固即可食用。

功效解读

柳橙能滋润健胃，调节胆固醇；柳橙中丰富的膳食纤维可预防便秘，大量的维生素C具有增强抵抗力、预防感冒的作用。

蜜李蒸布丁

2
人份

材料：
蜜李、鸡蛋各2个，鲜奶1杯

- 热量 449.0千卡
- 糖类 41.5克
- 蛋白质 23.1克
- 脂肪 21.2克
- 膳食纤维 1.5克

调味料：
白糖1大匙

做法：

❶ 将1/4杯水和白糖放入锅中，以小火煮至白糖溶化，熄火；加鲜奶混匀后放入打散的蛋液拌匀。

❷ 蜜李洗净，切小丁后放入模具（剩一些备用），再倒入做法❶的材料，移入蒸锅中蒸15分钟至熟。

❸ 待降温后，撒一些蜜李丁即可食用。

功效解读

蜜李是天然的抗氧化物，能减少自由基对细胞的伤害，保护胎儿脑细胞，并可促进铁质的吸收，帮助胆固醇代谢。

第三孕期（29~40周）点心甜品

菠萝葡萄蜜茶

整肠排毒+改善气色

2 人份

材料:
菠萝60克,葡萄25克

调味料:
蜂蜜1大匙

- 热量 89.1千卡
- 糖类 22.9克
- 蛋白质 0.7克
- 脂肪 0.2克
- 膳食纤维 1.0克

做法:

❶ 将菠萝去皮,洗净,切块;葡萄去皮,去籽。

❷ 将葡萄与菠萝块放入杯中,以开水冲泡约5分钟,加入蜂蜜即可饮用。

功效解读

菠萝含有可帮助蛋白质分解的菠萝蛋白酶,且富含膳食纤维,能加速排出肠道中的废物;葡萄可抗氧化、改善气色、润泽肌肤。

功效解读

柚子中的维生素 C 能消除脂肪,防止胆固醇堆积,可有效预防心血管疾病;且其中的膳食纤维丰富,可帮助胃肠消化,有助于排便顺畅。

调节胆固醇 + 帮助消化

柚香蜂蜜绿茶

1 人份

材料:
柚子1/2个,绿茶3克

调味料:
蜂蜜适量

- 热量 170.9千卡
- 糖类 40.1克
- 蛋白质 3.5克
- 脂肪 1.4克
- 膳食纤维 5.0克

做法:

❶ 将柚子去皮,去籽,一半切块,另一半榨成汁。

❷ 将柚子汁和柚子果肉放入杯中,加入绿茶以开水冲泡,最后加入蜂蜜调匀即可。

黄芪枸杞子茶

材料：

红枣5颗，枸杞子10克，黄芪5片

- 热量 60.2千卡
- 糖类 13.2克
- 蛋白质 1.6克
- 脂肪 0.1克
- 膳食纤维 2.2克

做法：

将所有材料放入杯中，加入开水，闷约2分钟即可。

功效解读

此茶饮有滋补的作用，其中的红枣、枸杞子可促进孕妈妈的血液循环，增强免疫力。

阿胶鲜梨茶

材料：

香梨半个，阿胶、川贝母粉各23克

- 热量 132.9千卡
- 糖类 21.8克
- 蛋白质 9.8克
- 脂肪 0.7克
- 膳食纤维 2.4克

调味料：

蜂蜜适量

做法：

1. 将香梨洗净，切片。

2. 将香梨片、阿胶、川贝母粉和水拌匀，置于同一容器中，放入蒸锅蒸5分钟，酌量添加蜂蜜即可。

功效解读

阿胶具有缓解疲劳、增强免疫力的功效，可预防多种疾病的发生；水梨具有润肺清胃、涤热凉心、止烦渴的作用。

第三孕期（29~40周）养生饮品

189

决明子红枣茶

材料：

决明子、枸杞子各10克，红枣5颗

● 热量 65.3千卡
● 糖类 14.4克
● 蛋白质 1.6克
● 脂肪 0.1克
● 膳食纤维 2.4克

做法：

❶ 将枸杞子、红枣略微冲洗，沥干备用。

❷ 将决明子、枸杞子、红枣放入茶壶中，以沸腾的开水冲泡即可。

功效解读

决明子有润肠通便、清肝明目的功效；枸杞子含有玉米黄质、类胡萝卜素等营养素，有明目、补气、强肝肾的作用，并可促进新陈代谢。

补血苹果醋

材料：

苹果300克

● 热量 317.1千卡
● 糖类 79.0克
● 蛋白质 0.1克
● 脂肪 0.1克
● 膳食纤维 0.4克

调味料：

冰糖75克

做法：

❶ 将苹果洗净，再将苹果自然晾干或用干净的布擦干。

❷ 苹果切片，以一层苹果片、一层冰糖的方式放入干净的玻璃罐中。

❸ 待冰糖溶化，把苹果片的水分分离出来即可。

功效解读

苹果中富含维生素 C。维生素 C 除本身具有抗氧化作用外，还能促进铁质的吸收，可促进血红蛋白的合成，预防贫血。

蔓越莓蔬果汁

2人份

材料：
蔓越莓果汁2杯，圆白菜200克，冰块1杯

- 热量 259.5千卡
- 糖类 60.6克
- 蛋白质 2.9克
- 脂肪 0.6克
- 膳食纤维 2.6克

做法：

❶ 剥开圆白菜的叶片，洗干净，再撕成小片。

❷ 将蔓越莓果汁、圆白菜叶片、冰块放入榨汁机中，搅打均匀即可。

功效解读

圆白菜中的维生素 C 可增强免疫力，搭配可调节泌尿系统环境、避免细菌滋长的蔓越莓，可给孕妈妈更全面的保护。

养身蔬果汁

1人份

材料：
圣女果、西芹各50克，菠萝100克，苹果20克，柠檬1/2个

- 热量 381.1千卡
- 糖类 90.9克
- 蛋白质 2.0克
- 脂肪 1.1克
- 膳食纤维 3.4克

调味料：
蜂蜜1小匙

做法：

❶ 将圣女果洗净；西芹洗净，切段；菠萝、苹果、柠檬洗净，去皮，切块。

❷ 将圣女果、西芹段、菠萝块、苹果块、柠檬块放入榨汁机中，加入冷开水打匀。

❸ 续入蜂蜜调味，拌匀即可。

功效解读

圣女果和柠檬可清热利尿、保肝解毒，搭配有平衡血压、促进新陈代谢作用的西芹，有助于清除积存于肝脏内的毒素。

第三孕期（29~40 周）养生饮品

191

樱桃牛奶

2 人份

材料：
樱桃、苹果各40克，低脂
鲜奶适量

- 热量 404.3千卡
- 糖类 49.1克
- 蛋白质 21.5克
- 脂肪 13.5克
- 膳食纤维 1.1克

做法：

1. 将樱桃洗净，去籽；苹果洗净，去皮，切块备用。

2. 樱桃和苹果块放入榨汁机中，加入部分低脂鲜奶后略微打散。

3. 加入剩余低脂鲜奶，打匀即可。

功效解读

　　樱桃中的铁可预防孕妈妈易发生的缺铁性贫血；其所含的类胡萝卜素和维生素 C 可养颜美容、预防感冒；膳食纤维能促进胃肠蠕动。

功效解读

　　草莓中的鞣酸有助于解毒防癌，增强身体免疫力；其中的维生素 C 能有效地防止肠道病毒感染，使肠道保持健康，还可预防感冒。

蜂蜜草莓汁

1 人份

材料：
草莓60克

- 热量 102.2千卡
- 糖类 25.9克
- 蛋白质 0.7克
- 脂肪 0.1克
- 膳食纤维 1.1克

调味料：
蜂蜜2大匙

做法：

1. 将草莓洗净，去蒂，放入冷开水中浸泡。

2. 将草莓取出，放进榨汁机中打成糊状，倒入杯中，再加蜂蜜调匀。

3. 加入适量冷开水冲泡，放入冰箱冰镇后即可饮用。

附录一　孕期常见不适的食疗建议

孕吐

饮食要清淡、多样化，避免造成胃肠负担

孕吐

这是孕妈妈怀孕初期特有的症状，因为母体无法适应体内激素水平等变化所引起的反应，除了感到恶心，严重时也会伴随呕吐的症状。

缓解小秘诀

❶ 养成少食多餐的饮食习惯：通常孕妈妈肚子太饿和吃太饱时都会比较想吐，如果吃了某些食物（如蛋白质）就想吐，建议暂时避免食用。

❷ 勿错过任何用餐时刻：孕妈妈要避免因为空腹造成血糖降低，而引起恶心、呕吐。若吃什么都想吐，也不必勉强进食。

❸ 适量补充维生素B_6：减轻孕吐症状。

❹ 补充水分或运动饮料：水可避免身体脱水，并促进新陈代谢，降低血液中激素和黄体素的浓度。孕妈妈饮水时可添加少许盐分，预防孕吐所引起的低钠现象。

❺ 多休息、转换情绪：孕妈妈要尝试有兴趣的事物，保持心情愉快，有助于减轻孕吐的症状。

❻ 避免重口味、油腻、辛辣、刺激性的食物：虽然每位孕妈妈对食物的气味有不同的反应，但任何可能引起呕吐的味道，都应避免接触。

❼ 避免过量食用蜜饯类食物：虽然酸梅、话梅为孕妈妈最常用来缓解孕吐的食物，但因蜜饯产品常被添加食品添加剂，建议避免过量食用。

对症营养素

维生素B_6、锌（小麦胚芽、动物肝脏、核桃、蛋黄、黄豆、谷类、香蕉、花生、瘦肉、鱼类、胡萝卜、大白菜）。

对症食材

酸梅、乌梅、陈皮、紫苏、姜片等。

食谱建议					
p.18	鲜味鸡汤面线	p.46	奶酪焗烤土豆	p.59	黄精牛肉汤
p.36	开洋白菜	p.56	菠菜猪肝汤	p.65	姜汁炖鲜奶

腹部胀痛、抽筋

子宫压迫是引发不适的主因

腹部胀痛

因为孕妈妈体内激素水平的改变，怀孕初期下腹部胀痛是正常现象。孕中后期腹部胀痛，甚至胃酸反流、呕吐，则是因为子宫变大压迫到胃。

缓解小秘诀

怀孕初期腹部胀痛是正常现象，不需做任何处理。怀孕后期如果反胃或胃酸反流，宜采取少食多餐的进食原则，进食速度不宜过快。经常保持愉悦的心情，有助于缓解孕期不适。

对症营养素

B 族维生素，钙、铁等矿物质。

对症食材

深绿色或深黄色蔬菜、水果等。

食谱建议	
p.28	豌豆荚香爆墨鱼
p.31	酥炸牡蛎
p.32	蘑菇烧牛肉
p.40	虾酱菠菜
p.41	蒜香龙须菜
p.48	四季豆烩油豆腐
p.51	银鱼紫菜羹
p.66	蜜桃奶酪布丁

抽筋

怀孕时的抽筋症状，多因缺乏钙质或子宫压迫导致下肢血液循环不畅。常见的症状是小腿部位肌肉发生持续性收缩痉挛。

缓解小秘诀

❶ 适时补充钙质，适度运动。

❷ 避免长时间站立或维持同一种姿势：防止因血液循环不畅而导致抽筋。

对症营养素

维生素 B_6，钙、镁等矿物质。

对症食材

芝麻、豆类、核桃、杏仁、松子、瓜子、牛奶、奶酪、小鱼干、绿色蔬菜等。

食谱建议	
p.75	养生红薯糙米饭
p.97	菠菜炒蛋
p.123	黑芝麻拌枸杞子
p.124	核桃酸奶沙拉
p.169	奶油焗白菜

便秘、腰酸背痛

规律的运动，有助于减轻症状

便秘

体内激素水平的改变，加上子宫压迫肠道，是孕妈妈便秘的原因。随着怀孕后期子宫的增大，便秘情况会越来越严重。

怀孕前就有习惯性便秘的女性，怀孕后便秘情况会进一步加重。

缓解小秘诀

❶改变饮食习惯：多喝水，多吃蔬果和高纤食物。

❷保持规律的运动：促进胃肠蠕动。

对症营养素

膳食纤维、B 族维生素、钾等。

对症食材

全麦面包、芹菜、胡萝卜、香蕉、酸奶、蜂蜜、黑芝麻等。

食谱建议	
p.77	黑芝麻糯米粥
p.82	黑豆燕麦馒头
p.94	菠萝甜椒鸡
p.101	核桃仁炒圆白菜
p.103	京酱茄子
p.109	什锦紫菜羹
p.120	玉米芝麻糊
p.122	红豆莲藕凉糕

腰酸背痛

随着胎儿的逐渐长大，孕妈妈的腰部、背部、臀部承受的压力日渐增加，尤其是站立时，重心会往前移，不适症状更加明显。

缓解小秘诀

❶养成定时、定量的产前运动习惯：避免过于操劳，并减少手提重物。

❷借由托腹带支撑腹部：以缓解不适。

对症营养素

维生素 C，钙、镁、铜、锰等矿物质。

对症食材

牛奶、小鱼干、黑芝麻、黑木耳、紫菜、豆类等。

食谱建议	
p.83	干果炒小鱼干
p.96	高纤蔬菜牛奶锅
p.105	清炒黑木耳豆芽
p.118	寄生首乌红枣鸡
p.119	黑芝麻山药蜜
p.128	枸杞子明目茶
p.135	高纤养生饭
p.137	滋补腰花饭

水肿、贫血

多摄取维生素C、维生素E、蛋白质、叶酸，可有效改善水肿和贫血

水肿

怀孕时，因为子宫逐渐增大，会阻碍下肢血液循环而引起水肿。除了常见的脚部水肿，甚至会出现下肢静脉曲张的情况。

缓解小秘诀

❶ 饮食均衡、充足：尤其不要吃太咸，同时适度补充蛋白质。

❷ 多休息、多找机会把腿抬高：避免久站，以减轻水肿现象。

对症营养素

蛋白质、叶酸及维生素 C、维生素 E 等。

对症食材

豆类、深绿色蔬菜、冬瓜、丝瓜、猕猴桃、番石榴等。

食谱建议	
p.30	丝瓜炒蛤蜊
p.94	黑豆鸡汤
p.99	炒嫩莜麦菜
p.138	红枣茯苓粥
p.150	冬瓜烩排骨
p.164	姜丝炒冬瓜
p.173	红豆白菜汤
p.185	枸杞子红豆汤圆
p.186	焗烤香蕉奶酪卷

贫血

怀孕期间经常感到头晕、疲劳，则可能是贫血。贫血严重时，不仅孕妈妈会因体内氧气不足而头晕，而且会影响胎儿的发育。

缓解小秘诀

多吃富含铁质的食物，如动物内脏、牡蛎、贝类等。另外，深绿色蔬菜、樱桃、葡萄等也能预防贫血。

对症营养素

维生素 B_{12}、维生素 C、维生素 E 和蛋白质、叶酸、铁质等。

对症食材

红肉、鸡蛋、奶酪、深绿色蔬菜等。

食谱建议	
p.137	什锦圆白菜炒饭
p.145	干贝芦笋
p.149	香煎牛肝酱
p.151	羊小排佐薄荷酱
p.153	滑蛋牛肉
p.155	红烧蘑菇香鸡
p.161	四季豆炒鲜笋
p.163	奶油草菇炖西蓝花

附录二 孕期的11个常见困惑

Q1

怀孕前要做哪些准备工作？

迎接宝宝的第一步是健康的体能、完善的心理建设

维持身体最佳健康状态

女性应在体能状态最好的情况下准备怀孕，以免影响胎儿健康。怀孕前应进行全身健康检查，如果有重大疾病应该先咨询妇产科医生。

若本身对风疹没有抗体的女性，建议先接种风疹疫苗，1个月后再准备怀孕。

戒除烟酒，谨慎服用药物

备孕前，夫妇双方都应该戒除吸烟、喝酒，甚至是药物滥用等不良习惯，以免影响胚胎品质，造成胎儿发育迟缓或先天性畸形。

女性在怀孕期间或有怀孕可能时，应与医生充分讨论后才能服用药物，且不宜自行服用一般市售的成药。

饮食均衡，体重控制得宜

备孕者应培养均衡、健康的饮食习惯，而且最好在怀孕前3个月开始补充叶酸。

若能从均衡的饮食中补充叶酸最佳；若饮食多为外食，可直接服用叶酸，并注意维持适当的体重；若本身已经过重或肥胖，则应先控制体重，切勿服用减肥药，以免影响胎儿健康。

遗传、疾病照顾咨询

若女性的年龄已超过34岁，或有家族遗传性疾病，应考虑进行遗传咨询，以确保胎儿健康。

本身患有重大疾病的人，宜先治疗或控制好病情再怀孕。备孕者应详细地告诉医生本身的病史，以便进行评估，并在怀孕后进行特别照顾。家族有遗传性疾病的人，更需请医生仔细评估。

怀孕前健康检查的重点

❶ 子宫颈抹片　❷ 乳房检查
❸ 牙科诊疗　❹ 风疹抗体
❺ 遗传咨询

（年龄超过34岁的女性，需增加第5项检查）

怀孕期间怎么吃才健康?

摄取均衡、充足的营养,兼顾卫生,远离过敏原

怀孕后,孕妈妈的饮食不仅供应母体所需营养,还需提供胎儿生长所需。因此,均衡和充足的营养摄取非常重要,且需兼顾卫生、美味,避免过敏原。

若孕妈妈不偏食,用餐习惯良好,胎儿也会受到影响,日后会有较好的饮食习惯。因此,建议孕妈妈从小地方着手,既能顾及母体和胎儿的健康,又能做好胎教。

孕妈妈的饮食原则

❶ 定时用餐

三餐定时摄取,三餐之间可以安排点心补充能量,也有益于营养均衡。

❷ 定量用餐

用餐时分量要均衡,不宜一餐不吃,另一餐又暴饮暴食。倘若增加用餐的次数,则可减少用餐的分量,以减少血糖变化的幅度。

❸ 专心用餐

用餐专心非常重要,保持愉悦的心情,对增进食欲也有帮助。

❹ 尽量摄取天然食物

天然的食物新鲜又健康,避免食用加工食品和口味重、调味料多的速食或零食。

❺ 食物多样化

不宜局限食物种类,多尝试不同类别的食物,才能获得全面均衡的营养。

❻ 改正不良饮食习惯

改正偏食、暴饮暴食等不良饮食习惯,以提供胎儿均衡的养分。

孕妈妈每日六大类食物建议摄取分量

图示	食物类别	摄取建议	图示	食物类别	摄取建议
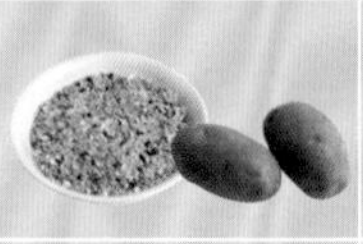	全谷根茎类	6～11份		蔬菜类	3～5份
	低脂乳品类	4份		水果类	2～4份
	肉、鱼、豆、蛋类	2～3份		坚果类	加以节制

每日该如何摄取营养？

大部分孕妈妈都被"一人吃，两人补"的传统观念所误导，觉得应该多吃一点才能供给胎儿足够的营养，结果常常造成体重增加太多。

其实，孕妈妈每日只需要增加约300千卡的热量——大约1个三明治的热量。把握这个原则，即可简单评估每日的营养是否足够。

素食孕妈妈该如何摄取营养？

建议素食孕妈妈以全谷根茎类为主食，蔬菜类以"五色菜"为主，同时添加一些坚果和富含维生素C的水果。

她们应多食用奶类、奶制品，或豆浆、豆腐，以补充钙质；还应多食用红苋菜、红凤菜、红薯叶、菠菜、川七、芥菜、油菜、茼蒿、芦笋、蒜苗等，富含维生素A、B族维生素、铁质的蔬菜，有助于补充素食孕妈妈较易缺乏的B族维生素和铁。

一般奶蛋素食孕妈妈可从奶类或蛋类食物中，摄取造血的重要营养素——维生素B12。全素孕妈妈则必须额外补充维生素B12，以免发生巨幼细胞性贫血。

何谓"五色菜"？

"五色菜"是指红、绿、黄、白、黑五种颜色的蔬菜。中医认为，五色菜各与人体五脏相对应，青（绿）入肝，赤（红）入心，黄入脾，白入肺，黑入肾。

孕妈妈需要的好营养

营养成分	摄取来源	胎儿缺乏营养成分时的症状
钙	鱼类、豆类、豆浆、奶类或奶制品、燕麦、坚果、水果、绿色叶菜类食物	胎儿缺钙时不会出现症状，但日后易罹患骨质疏松症 新生儿可能有先天性佝偻病（即软骨症）、O型腿，或注意力不集中、学步缓慢等症状
锌	杏仁、豆浆、豆腐、全谷杂粮类食物	胎儿可能会出现生长发育迟缓、代谢障碍、性功能发育不完全、脑细胞数量减少等症状
铁	深色蔬菜、红肉、肝脏、谷物、坚果、豆腐、南瓜子	孕妈妈可能会出现贫血，间接影响胎儿发育，并且增加早产的概率
维生素B12	肉类、乳制品	影响胎儿神经系统的发育，或导致巨幼细胞性贫血
维生素D	鸡蛋、乳酪，或借由晒太阳协助合成	影响胎儿对钙和磷的吸收
蛋白质	肉、鱼、奶、蛋、豆类	可能会导致胎儿发育迟缓、体重过轻，甚至影响智力发育

怀孕初期的不适症状有哪些？

甜蜜又苦恼的身体不适——孕吐、乳房胀痛、尿频、疲倦、嗜睡

孕吐

到了怀孕第6周左右，有些女性会有恶心、呕吐的感觉，且闻不得油腻的食物，口味也会改变。有些人会特别喜欢吃酸的食物；有些人平常不爱吃甜食，突然变得喜欢吃甜点。

轻微孕吐并不会影响胎儿的发育，但若症状过于严重，就有可能引起脱水、电解质不平衡等症状，仍需留意。

乳房胀痛

女性怀孕后雌激素增加，会刺激乳腺的发育。乳房开始出现一些反应，如常感到胀痛、乳晕颜色变深等，这表示乳房正在为分泌乳汁作准备。

乳房胀痛是孕期的正常现象，一方面是雌激素增加，另一面是开始分泌奶水。到了怀孕后期，尤其是在哺乳期，症状会更严重。

孕妈妈不必紧张，也不需要做特别的处理。可选择宽松的内衣，以减轻乳房外部的压迫。

尿频

孕期子宫开始变大，会压迫到膀胱，使孕妈妈总有想排尿的感觉，这是正常现象。

但如果感到小便灼热、有刺痛感，有可能是泌尿系统感染，应尽早去医院检查。

疲倦、嗜睡

孕妈妈经常有疲倦、睡不饱的感觉，并且浑身疲倦，整天昏昏欲睡，提不起精神，就连平时最喜欢做的事情，似乎也缺乏兴趣。

孕妈妈在困倦时，不妨顺应身体的信号——小憩片刻。职场孕妈妈可能不方便小憩，那么一定不能错过午休。孕妈妈有充足的睡眠，能保证胎儿安全，也能尽快缓解孕期不适。

严重孕吐可以吃药吗？

严重孕吐是不少孕妈妈在怀孕初期的困扰之一。建议食欲不佳的孕妈妈，可趁晚上孕吐症状较轻时适量进食，补充所需的营养。

治疗孕吐的药物，如胃药、维生素 B_6、止吐药，都在用药安全级数范围内。若孕吐情况严重影响营养摄取及自身健康时，不妨考虑适量服药，不过用药前请咨询医生。

孕期心情对胎儿有哪些影响？

好胎教从好心情开始

情绪失调造成抑郁

部分孕妈妈因为担心胎儿的健康、自己的身材走样、家庭问题，或因为外在环境的压力，使得情绪容易失控、不稳定，甚至相当焦虑。

初产妇、高龄产妇，曾经有流产经验、个性较为要求完美或工作压力大，甚至对生男、生女期望过高的孕妈妈，都有可能影响孕期情绪，变得多愁善感，容易沮丧、哭泣。

此外，原本就有抑郁症状的女性，怀孕后更易复发，产后抑郁的概率比产前抑郁更高。

有些孕妈妈为了保证胎儿健康，对很多原则非常坚持，结果因限制太多，造成自己精神压力过大，反而对胎儿产生不良影响。例如，非常想吃冰激凌时，偶尔浅尝放松心情，并不会对胎儿造成任何伤害。

通过胎教，让胎儿感受爱

科技的进步让人们知道胎儿在孕期已发展出触觉、味觉、听觉，并对光有反应，甚至有做梦、记忆、思考的能力。

所谓胎教，不仅是聆听故事、古典音乐，或欣赏美的事物，更重要的是，孕妈妈要随时保持愉悦的心情，创造平静和谐的氛围，让胎儿感受到大家对他的爱。

最简单的胎教方式，就是孕妈妈保持心情愉快，也可以和胎儿多说话，传达父母的爱，并且让他了解外面的世界有什么变化；和胎儿建立沟通的桥梁，有助于亲子关系的建立，还可以改善孕妈妈的心情，有助于彼此情感交流，更有助于孕育出健康快乐的胎儿。

三大方法改善孕期情绪低落

❶ 阅读相关书报杂志　　❷ 聆听音乐，放松心情　　❸ 做自己喜欢做的事

孕期可以有性生活吗？

除非有早产迹象，温和、舒缓的性行为，不会对胎儿造成伤害

在怀孕的 3 个阶段，孕妈妈对于性生活的需求不同，准爸爸应尽量体贴孕妈妈，学习正确的知识；孕妈妈也应试着解除丈夫的忧虑。一般的性行为并不会对胎儿造成影响，孕期也能有美满的性生活。

怀孕初期

怀孕初期的孕妈妈，因为生理变化造成许多不适，生活习惯也改变甚大，心理尚未完全适应，再加上担心影响胎儿的健康，容易导致性欲降低，丈夫应该多加体谅。

性行为的过程不宜太过激烈，应保持动作轻柔。若孕妈妈有出血的现象，则需立即停止，并尽快就医。

怀孕中期

在这一阶段，孕妈妈的心情较为轻松，性欲反而会较从前增加，生理状态则因为激素的影响，更易达到高潮，胎儿的成长和子宫的环境都更为稳定，是孕妈妈最能接受性生活的阶段。

此阶段的性行为仍不宜太过激烈，并应避免过于困难的姿势，以保持子宫环境的稳定。姿势应为"骑乘位""面对面""侧交""后背位"等，以轻松、省力为原则。

怀孕后期

这个阶段的孕妈妈肚子大、行动慢，子宫容易收缩，腰部易酸痛，子宫受到刺激时易有不舒服的感觉，性行为的次数应该减少。

虽然夫妻不方便有性生活，但可用爱抚、拥抱、关心的言语或其他方式代替，一样能表现彼此的爱意。

若有性行为，则动作务必缓慢、轻柔，可调整姿势，以侧卧的"后背位"较为适合，避免压迫子宫。

此阶段是否有性行为，应该放宽心情轻松看待，虽然孕妈妈高潮时所引起的子宫收缩并不会伤害胎儿，但有阴道出血或子宫收缩等早产迹象时，应暂时避免性行为。

孕期性行为必须注意哪些症状？

孕期虽不必刻意避开亲密接触，但若有以下症状则应多加留意或咨询医生。

1. 性行为时会感到不舒服或疼痛
2. 阴道有间歇性或持续性出血
3. 子宫收缩频繁
4. 性伴侣有性传染病
5. 有流产或早产的迹象
6. 子宫异常或子宫颈闭锁不全
7. 有重大内科疾病
8. 身怀多胞胎
9. 曾有早产或其他妇科并发症经历

孕期适合做哪些运动？

适当的运动有助于分娩，可改善腰酸等不适

运动有益孕期生活

传统观念认为，怀孕初期为避免动胎气，孕妈妈应该少动、多休息。其实只要没有流产的迹象，经过医生专业的评估，维持适当的运动，绝对有益于孕妈妈健康及胎儿发育。

若孕妈妈在怀孕前就有规律的运动习惯，怀孕后应该继续保持；若原本没有运动的习惯，怀孕后可尝试散步或做简单的伸展操，既能保持身体的柔软度，增加体力和耐力，有助于分娩，又能控制怀孕期间的体重。但运动需要适量，切勿过度，也不适合学习新的有氧运动或增加训练量，使身体的负担过重。

女性怀孕后，身体状态会变得不同，怀孕前可以轻松做到、做得很好的动作，怀孕后可能会因为体重增加、平衡感变差、身体变得臃肿而不方便，因此应谨慎选择运动项目。

适合孕妈妈的运动类型

❶ **散步**：散步是最温和的运动，最好每日能散步30分钟。

❷ **游泳**：利用水的浮力和支撑，可以让孕妈妈完全放松，即使不会游泳，也可以在泳池中做一些简单的伸展操，以舒展筋骨。

❸ **伸展操**：使肌肉与筋骨柔软，有助于分娩。最近流行的孕妈妈瑜伽，也是很好的运动选择。

❹ **骑自行车**：骑普通自行车或骑健身房专用的固定式自行车，均是很适合孕妈妈的运动。但怀孕时孕妈妈体重增加，且平衡感变差、重心改变，要注意不要摔倒。

❺ **专为孕妈妈设计的有氧舞蹈**：避免跳跃、有震荡性或突然改变方向等动作。适度的有氧运动对孕妈妈有益，可以增强孕妈妈体能。

孕期的 二个常见困惑

哪些情况下，孕妈妈需经由医生同意后才能运动？

❶ 曾经流产3次或3次以上

❷ 子宫颈闭锁不全

❸ 曾经早产或有早产迹象

❹ 怀孕时有不正常的出血现象

Q7

孕期生病了可以吃药吗？

服药前咨询专科医生，详细告知状况

孕期用药影响大吗？

怀孕前 3 个月是胚胎对外界因素最敏感的时期，这时，孕妈妈的身体最好保持健康，才能孕育健康的宝宝。

怀孕前 3 个月是胎儿器官发育的时期，对外界因素最敏感，此时用药最容易对胎儿产生影响。但是正确地使用药物并不会影响胎儿，而且影响的程度会依药物的种类、剂量、服用时间，以及胎儿对药物的敏感程度而有变化。

中药也有副作用吗？

由于孕妈妈的体质不同，应避免食用会造成子宫收缩、出血的中药材。

中药也可能有副作用，因此孕妈妈服用前必须咨询中医。在服用任何药品或补品前，孕妈妈都应先询问医生，确定对胎儿和自身的健康无副作用后才可服用。

有怀孕计划的女性应尽量避免吃药。有疾病需服用药物的女性，应在准备怀孕前告知医生，以方便医生调整剂量，或更换对胎儿较安全的药物。

孕妈妈用药分级观念

孕妈妈若需要服用药物，务必告诉医生自己已经怀孕，医生可根据美国食品药品监督管理局（FDA）的分类，做最安全的判断给药。

美国食品药品监督管理局制定的孕期用药安全分级及定义

等级	危险性	用药安全说明
A	安全	有完整的人体实验，证实对胎儿没有导致畸形的危险性，为安全的药物
B	可能安全	动物实验证明对胎儿没有危害，但没有经过人体实验；或动物实验证明对胎儿有影响，但人体实验证明没有影响
C	避免使用，必要时可以使用	动物实验证明对胎儿有不良影响，但对人体尚未有足够的研究报告；或没有经过适当的动物及人体实验
D	避免使用，除非绝对必要	确定会对胎儿有不良影响；但如果孕妈妈非用不可，治疗效益必须超过已知风险时，才可以使用
X	确定有致畸胎性	动物实验和人体实验都证明对胎儿有不良影响，怀孕期间应完全禁用

注： A级药物多为维生素；B级药物虽无充分资料显示安全性，但若已上市多年，仍无有害报告，则大都可信赖；C级药物必要时还是可以使用的；D级和X级的药物则不可使用。

孕期有哪些东西要忌口？

远离烟、酒、毒品，严格为孕妈妈及胎儿的健康把关

烟、毒品：绝对不宜

吸烟的孕妈妈容易早产，并且会使胎儿发育不良。烟草中所含的化学物质，会通过胎盘进入胎儿体内，造成胎儿畸形、影响发育或胎死腹中。

此外，烟草中的尼古丁还会渗入妈妈的乳汁，进而可能对宝宝造成伤害。另外，二手烟的危害同样惊人。

孕妈妈若药物成瘾或有吸毒情形，则可能导致胎儿生长迟缓、影响智力发育，或造成早产、流产，且发生婴儿猝死综合征的概率大增。

酒：少量可以，但最好避免

一般菜肴中添加的酒类没有关系；少量的红酒能促进血液循环，甚至可以帮助肠道吸收铁质。

孕妈妈过量饮酒可能会导致胎儿酒精综合征，使胎儿出现生长迟缓、脸部异常、神经系统异常等情况；各类酒精性饮料多含有添加剂，可能会影响胎儿脑部和神经系统发育，甚至会造成胎儿出生后智力低下、反应迟钝。

咖啡：不宜过量

咖啡中含有咖啡因，会使人感到亢奋、焦躁、失眠，过量饮用还会造成头痛、晕眩和代谢异常。

孕妈妈不必完全戒除咖啡，但在怀孕前3个月，如果每天咖啡因的摄取量超过300毫克（大约是3杯美式咖啡），会增加流产的风险，进入孕中期以后则会影响胎儿发育。

香辣菜肴应忌口？

许多嗜食香辣菜肴的孕妈妈，常为妊娠期间是否该忌口而感到困扰，有些人照吃不误，对身体似乎也无不良影响，但这并不表示香辣菜肴对每位孕妈妈都合适。

因香辣菜肴口味重，盐、糖、酱油、味精等调味料比例较高，对血压偏高或患有子痫前症、糖尿病和下肢水肿的孕妈妈有不良影响。倘若经常大量食用过咸、刺激性过高的食物，可能造成水肿加剧或血压升高。因此，是否该忌口，应视孕妈妈的身体状况而定。

流产、早产有哪些前兆?

腹痛、阴道出血、子宫收缩频繁

流产的前兆：腹痛且阴道出血

孕妈妈在孕期中突然觉得腹痛，并有阴道出血的情形，小心！这是流产的前兆。

这种现象在怀孕 12 周以前称为"早期流产"，在 12 周以后称为"晚期流产"。造成早期流产的原因相当复杂，其中 60% 是胚胎染色体异常的自然淘汰，这也是最常见的流产原因。晚期流产通常有点类似月经，孕妈妈会有子宫收缩、腹痛、阴道出血的情形，而且出血量比早期流产要多。

早产的前兆：子宫收缩或阵痛

孕妈妈在怀孕中期以后，如果子宫收缩频繁，甚至有阵痛、出血的情况，这就是早产的预警，务必赶快到医院就诊。倘若子宫颈口还没有张开到 3 厘米，及时安胎还能补救，否则就很难挽回。

前置胎盘和胎盘剥离也会引发早产和出血。前者不会使孕妈妈感到疼痛，但有时会有大量出血；后者则是腹部剧痛之后，孕妈妈下体突然出血，必须立刻送医急救。

流产的原因

受精卵发育成胚胎后，在移向子宫着床的过程中，有时尚未到达子宫就在输卵管内着床，造成宫外孕。子宫内怀孕则有 15% 以上可能会流产，胚胎会随着出血排出孕妈妈体外。

据统计，流产的原因中，有一半以上是因为胚胎不好而自然淘汰，自然流产对人体没有影响。

因此，是否能成功着床并非人为可控制的。即使是试管婴儿，将胚胎植入子宫里，也常因着床失败而告终，无法确保百分之百成功。

宫外孕有何征兆?

宫外孕是指受精卵在子宫以外的地方着床，包括输卵管妊娠、卵巢妊娠、腹腔妊娠、子宫颈妊娠等多种情形，其中又以输卵管妊娠最常见。

常见征兆如下。

❶ 腹痛：胚胎在子宫以外的地方着床发育，一旦发生破裂会大出血，导致孕妈妈腹痛。

❷ 阴道出血：孕妈妈阴道会流出暗红色的血液，但不如月经量多。

❸ 晕倒、休克：着床处一旦破裂，可能导致腹腔内出血，严重时孕妈妈会因此晕厥和休克。

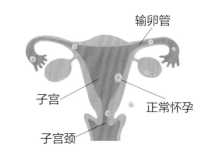

▲宫外孕可能发生之处

如何及早发现胎儿异常？

定期产检，观察胎动，评估胎儿健康状况

不可忽略的产前检查

怀孕期间，孕妈妈定期到医院进行产检，能预防许多并发症的发生，或及早发现、治疗，以保证自身与胎儿的健康。

孕妈妈通过产检可掌握自身和胎儿的健康与发育状况。

胎动测量：掌握胎儿的身体状况

怀孕16～18周，胎儿开始像水波一样，轻轻地在妈妈的子宫里活动，这就是胎动。

怀孕20周以后，小家伙变得越来越活跃，经常翻来覆去、拳打脚踢，为孕妈妈增添了不少生活乐趣，也让孕妈妈更加感受到自己和孩子的亲密联系。建议孕妈妈在怀孕24周后，每日早、中、晚测量胎动次数。

观察胎动是得知胎儿身体状况最简易的方法，一般以2个小时内有10次以上的胎动为佳，但也时常因各人感受和身体状况而有不同。

为何胎动突然减少？

❶ 胎儿睡眠中

胎儿睡觉会导致胎动减少。这时只要孕妈妈动动身体，待胎儿醒来活动即可。

❷ 母体血糖低

孕妈妈肚子饿、血糖低，胎动也可能减少，此时只要吃点东西，让血糖水平稍微升高，一段时间后胎动就会恢复正常。

❸ 胎儿有健康问题

如果2个小时内胎动不到10次，或感觉胎动减少一半以上，建议孕妈妈立即就医检查。

为何胎动加快？

一般来说，胎动加快并非异常现象，通常是因为胎儿正在运动。

怀孕过程中应进行的14次产检时程

时间	次数	产检内容
妊娠第一期（0～14周）	3次	例行产检、血液常规、血型、Rh因子、梅毒、艾滋病、尿液检查、筛查地中海型贫血等
妊娠第二期（15～28周）	3次	例行检查、产科检查、超声波检查等
妊娠第三期（29～40周）	8次	例行检查、产科检查、观察消肿、实验室检查等

一定要做的产前检查有哪些?

做产前检查,孕育健康下一代

产前检查应从何时开始?

产前检查的理想时间,应从确定怀孕时开始。一般建议在月经过后即验尿检查是否怀孕,如果怀孕应立刻找医生接受超声波检查,以确定胚胎是否正常着床在子宫内,并且精确地算出预产期及日后的产检时间表。

例行的检查项目包括哪些?

❶ 问诊内容:本胎不适症状。首次问诊时,医生会询问家族疾病史、孕妈妈疾病史、过去的怀孕史。

❷ 身体检查:体重、血压、腹围、子宫底高度、胎心音、胎位、水肿、静脉曲张。若是首次问诊,医生将检查孕妈妈的体重、身高、血压、甲状腺、乳房,并做子宫颈抹片检查。

❸ 实验室检查:尿蛋白、尿糖。首次问诊还包括血液常规(白细胞、红细胞、血小板、红细胞容积比、血色素、平均红细胞体积)、梅毒检测、艾滋病检测。

产检检查项目说明

项目	产检内容说明
体重	增加太快,可能是水肿或胎儿过大所导致;增加太少,则要注意是否会影响胎儿发育
血压	怀孕20周后,若血压高于140/90 mmHg,应追踪检查是否为妊娠高血压或子痫前症
尿蛋白	使用试纸验尿,若有尿蛋白,则应注意血压,检查是否患有妊娠高血压等疾病
尿糖	指数偏高,需注意是否有妊娠糖尿病
子宫底高度	从子宫底到耻骨的距离,以此估计子宫大小及胎儿大小
胎心音	胎儿7周以上,即可通过腹部超声波看到胎儿心跳;胎儿14周以上,可在孕妈妈肚子上听到胎儿的心跳
胎位	指胎儿的头与孕妈妈骨盆的相对位置。怀孕期间,胎儿不停地活动,但到后期头应该朝下,呈倒立状,这是正常的胎位
胎动	通常,第一胎在20周、第二胎在16~18周,孕妈妈可感受到胎动。胎动能让孕妈妈了解胎儿的活动力,还可借此与胎儿建立情感联系